MATHEMATISCH-PHYSIKALISCHE BIBLIOTHEK

BAND

A. WITTING

FUNKTIONEN SCHAUBILDER UND FUNKTIONSTAFELN

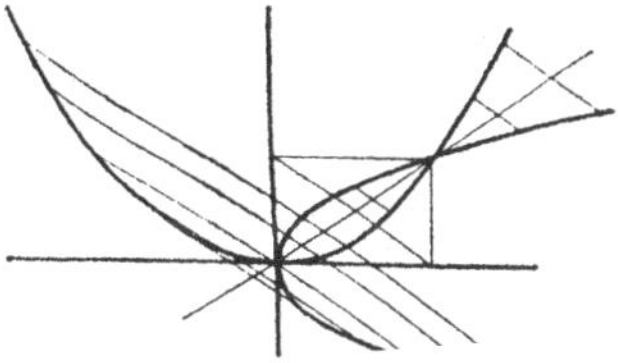

Springer Fachmedien Wiesbaden GmbH

URSPRÜNGLICH ERSCHIENEN BEI B.G. TEUBNER IN LEIPZIG 1922

ISBN 978-3-663-15419-8 ISBN 978-3-663-15990-2 (eBook)
DOI 10.1007/978-3-663-15990-2

VORWORT

Ursprünglich waren beträchtliche Teile dieses Bändchens in dem Büchlein über abgekürzte Rechnung (der Sammlung Bd. 47) untergebracht. Da der Stoff aber zu sehr anschwoll, so mußte eine Abspaltung eintreten, die den Vorteil bot, auch die graphische Darstellung mit zu berücksichtigen. Besonderer Wert wurde auf den Nachweis gelegt, daß die betrachteten Funktionen sich abschnittweise durch lineare Funktionen angenähert darstellen lassen — nur so ist ein wirkliches Verständnis der üblichen Interpolationsmethode möglich.

Der notwendig begrenzte Umfang dieses Bändchens verbot, auch auf die Exponentialfunktion, den Logarithmus und die trigonometrischen Funktionen einzugehen; für die ersteren beiden sei auf das Bändchen 41[1]) dieser Sammlung verwiesen, für die Trigonometrie auf das Bändchen 43 der Sammlung.[2])

Die vorausgesetzten Kenntnisse sind in algebraischer und geometrischer Hinsicht gering, *unbedingt nötig ist aber völlige Vertrautheit mit der abgekürzten Rechnung in dem Umfange, wie sie das oben angegebene Bändchen lehrt.*

---

1) A. Witting, Einführung in die Infinitesimalrechnung II, Die Integralrechnung. 2. Auflage. Leipzig 1921, B. G. Teubner.

2) A. Witting, Einführung in die Trigonometrie, Eine elementare Darstellung ohne Logarithmen. Leipzig 1921, B. G. Teubner.

Dresden, Juni 1922.

Alexander Witting.

INHALT

§ 1. DAS GERADE VERHÄLTNIS

Im gewöhnlichen Leben versteht man unter einer Funktion eine bestimmte Beschäftigung oder Betätigung. So wird z. B. jemand mit der Funktion eines Schriftführers bei einer Versammlung betraut, oder, um ein Beispiel anderer Art zu nennen, das Pendel einer Uhr funktioniert als Regulator der Bewegung des Räderwerkes. In allen solchen Fällen haben wir ein Subjekt (die Person, das Pendel usw.), das eine Funktion verrichtet, ein bestimmtes Amt versieht. Wo wir in der Mathematik von Funktionen reden, haben wir es immer mit Zahlen zu tun, und zwar immer mindestens mit zwei Zahlenfolgen, die in bestimmter Weise aufeinander bezogen sind. Das einfachste Beispiel, das dem Anfänger ziemlich früh entgegentritt, ist durch das *gerade Verhältnis* gegeben, und an ihm wollen wir uns den Begriff der Funktion klar machen. Was heißt das z. B.: Gewicht (oder Menge) und Preis einer Ware stehen in geradem Verhältnis? Das bedeutet doch, daß ich für doppelt soviel Ware den doppelten Preis bezahlen muß, für die dreifache Menge den dreifachen Preis, für den vierten Teil der Ware den vierten Teil des Preises. Wenn also (im Frühjahr 1921) 1 g Sohlenleder 9 Pfennige kostet, so kosten 2 g eben 18 Pfg., 3 g kosten 27 Pfg. usw. Wir haben also folgende zwei Zahlenfolgen:

$$\begin{array}{ccccc} 1 & 2 & 3 & 4 & \dots \\ 9 & 18 & 27 & 36 & \dots \end{array}$$

Jede Zahl der einen Folge ist auf die darüber oder darunter stehende Zahl der anderen Folge bezogen, die eine läßt sich aus der anderen berechnen. Allgemein können wir den Zusammenhang ausdrücken, indem wir etwa sagen: x Gramm Leder kosten $9x$ Pfennige: hier kann offenbar x irgendeine positive Zahl sein. Bezeichne ich den Preis durch den Buchstaben y und nehme ich allgemein den Preis von 1 g zu a Pfennigen an, so lautet die Beziehung

$$y = ax, \tag{1}$$

und dies ist der allgemeine Ausdruck dafür, daß die Größe y in geradem Verhältnis zur Größe x steht. Die Zahl a ist der Einheitspreis, allgemein bezeichnet: der *Einheitswert*; man nennt a auch den *Proportionalitätsfaktor* oder die *Verhältniszahl.* Eine noch allgemeinere Bezeichnung ist *Zahlenfaktor, Koeffizient* oder *Festzahl, Vorzahl, Beiwert.* Wir können für x irgendeine Zahl nehmen, und aus der Gleichung (1) das zugehörige y be echnen. Das ist nun das entscheidende Merkmal für einen *funktionalen Zusammenhang* zweier Größen. Wir nennen y eine **Funktion** von x, wenn wir imstande sind, für jeden Wert von x den zugehörigen Wert oder die zugehörigen Werte von y anzugeben[1]) — vielleicht nur innerhalb irgendeines Intervalles oder mit sonst einer Beschränkung; hier in unserm Beispiel mußte x eine positive Zahl sein. Beide Größen, x sowohl wie y, nennt man veränderliche Größen oder Variable, und zwar heißt in Gleichung (1) x die unabhängige Variable, y die abhängige. Wir können aber auch z. B. fragen, wieviel Gramm man für 63 Pfg. erhält; die gesuchte Zahl ergibt sich, indem wir 63 Pfg. durch den Einheitspreis 9 Pfg. dividieren. Allgemein erhält man

$$x = y : a = \frac{1}{a} y, \tag{2}$$

und hier erscheint y als unabhängige Veränderliche, x aber als Funktion von y, also als abhängige Variable. Ebenso wie Gewicht und Preis einer Ware stehen eine Menge anderer Zahlenpaare in geradem Verhältnis, z. B. Weg und Zeit bei gleichförmiger Bewegung, Arbeitszeit und Arbeitslohn, Kapital und jährliche Zinsen bei demselben Zinsfuß, Mittelpunktswinkel und Bogenlänge bei einem Kreise. Für alle diese Fälle gelten die Gleichungen (1) und (2), immer ist die eine Variable eine Funktion der anderen.

Wenn man mit der Zahl a bequem rechnen kann, wie zumeist, so wird man eben die Multiplikation oder Division in jedem Falle ausführen; wenn aber, wie in dem zuletzt an-

---

1) Auf welche Weise wir in den Stand gesetzt werden, für jeden Wert von x den zugehörigen Wert von y hinzuschreiben, ist ganz gleichgültig. Es kann eine Tabelle gegeben sein, eine Gleichung, eine Zeichnung, irgendeine Vorschrift, eine mechanische Vorrichtung usw. Die besondere Art und Weise der Zuordnung von x und y hat mit dem Wesen des Funktionsbegriffs nichts zu tun.

geführten Beispiele, die Zahl a unbequem ist, so bedient man sich mit Vorteil einer **Tabelle** oder **Tafel.**

Eine solche Tafel kann natürlich nicht für jeden beliebigen Wert von x das zugehörige y angeben, es muß vielmehr nach Maßgabe des verfügbaren Raumes und des praktischen Bedarfs eine Auswahl unter den Werten von x getroffen werden. Meist geschieht dies so, daß die Veränderliche x von einem Anfangswerte an immer um denselben Betrag zunimmt; als Anfangswert wird fast immer Null genommen. Kurz und bezeichnend kann man das so ausdrücken: x schreitet *gleichmäßig* fort, die Schrittbreite — eben der Betrag, um den x ständig wächst — ist meist 1 oder 10 oder $\frac{1}{10}$ oder irgendeine andre passende positive oder negative Potenz von 10. Die Tafel ermöglicht auch umgekehrt zu einem gegebenen Werte von y, der in ihr enthalten ist, den zugehörigen Wert von x aufzusuchen. Damit die Tafel aber für alle Werte brauchbar wird, müssen wir die Frage beantworten:

Wie findet man für einen nicht in der Tafel enthaltenen Wert von x das zugehörige y, und wie bestimmt man zu einem nicht in der Tafel stehenden y das zugehörige x?

Eine solche Berechnung von *Zwischenwerten* nennt man **Interpolation** oder **Einschaltung**, und das dabei gebrauchte Verfahren wollen wir jetzt an einem einfachen Beispiel erklären.

Die Arkustafel. Wir nehmen einen Kreis mit dem Radius $OE = 1$ (Fig. 1), dann bezeichnet man den zu einem bestimmten Mittelpunktswinkel α gehörenden Bogen als den Arkus des Winkels:

$$\widehat{EA} = \operatorname{arc} \alpha, \tag{3}$$

und der oben mit a bezeichnete Verhältnisfaktor, also der Arkus, der zum Winkel von 1^0 gehört, ist, wie in der Planimetrie bewiesen wird, der 180te Teil von π, also

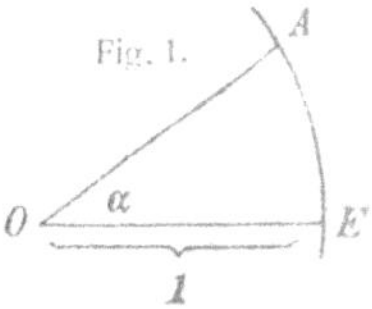

Fig. 1.

$$\begin{cases} \operatorname{arc} 1^0 \approx 0{,}01745 \\ \operatorname{arc} \alpha^0 \approx 0{,}01745 \cdot \alpha. \end{cases} \tag{4}$$

Rechnet man für jeden Grad den Arkus aus, so erhält man eine Tafel, wie sie sich in mancher Logarithmentafel

40^0	0,698
41	716
42	733
43	750
44	768
45	785

findet; nebenstehend ist ein Stück davon abgedruckt. Unsere nächsten Aufgaben sind, zu zeigen, wie man etwa arc $42{,}7^0$ findet und wie man den Winkel bestimmt, wenn als Arkus etwa 0,754 gegeben ist.

Wir benutzen dazu die Tatsache, daß der Arkus dem Winkel proportional ist, daß also der Arkus mit dem Winkel gleichmäßig wächst. Da arc $1^0 \approx 0{,}017$ ist, so ist — indem wir beiderseits den zehnten Teil nehmen — arc $0{,}1^0 \approx 0{,}0017$. Demnach wird z. B. arc $0{,}7^0 \approx 0{,}0017 \cdot 7 \approx 0{,}012$, und daraus ergibt sich arc $42{,}7^0 =$ arc $42^0 +$ arc $0{,}7^0 \approx 0{,}733 + 0{,}012 = 0{,}745$. Diese Rechnung pflegt man nun folgendermaßen zu machen: Aus unserer Tabelle bestimmen wir jene Zahl 0,017 einfach dadurch, daß wir zusehen, um wieviel arc 43^0 größer ist als arc 42^0. Diese sogenannte **Tafeldifferenz** gibt man immer *in Einheiten der letzten Stelle* an, sagt also nicht 0,017, sondern einfach 17. Nun rechnet man $17 \cdot 7 : 10 \approx 12$ Einheiten der letzten Stelle — denn es war doch der zehnte Teil der Tafeldifferenz mit 7 zu multiplizieren — und addiert diesen Zuwachs wie oben: $733 + 12 = 745$ Einheiten der letzten Stelle, so daß man erhält: arc $42{,}7^0 \approx 0{,}745$. Diese so ausgeführte Rechnung nennt man *Interpolation nach vorwärts*, und die Regel lautet:

Der Zuwachs für Zehntel des Winkels wird erhalten, indem man den zehnten Teil der Tafeldifferenz mit der Dezimale des Winkels multipliziert.

Man erkennt leicht, daß man auch *rückwärts interpolieren* kann, indem man in unserem Beispiel von 43^0 um $0{,}3^0$ zurückgeht. Die Rechnung ist offenbar $17 \cdot 3 : 10 \approx 5$; arc $42{,}7^0 \approx 0{,}750 - 0{,}05 = 0{,}745$.

Aufgaben: Berechne arc $41{,}2^0$; arc $44{,}6^0$; arc $43{,}9^0$; arc $40{,}8^0$.

Es läßt sich auch eine *Formel zur Berechnung der Zwischenwerte* in folgender allgemeinerer Weise aufstellen. Nehmen wir an, daß die Werte der unabhängigen Veränderlichen x in der Tabelle immer um d zunehmen und betrachten wir den Zwischenraum zwischen den Werten x_1 und $x_2 = x_1 + d$, so ist

$$(5) \qquad y_1 = a x_1, \quad y_2 = a(x_1 + d) = a x_1 + a d.$$

Lassen wir nun x_1 um einen Betrag δ zunehmen, der kleiner als d ist, so liegt der Wert $x = x_1 + \delta$ in dem betrachteten Zwischenraum, und es handelt sich um die Berechnung von

$$y = ax = ax_1 + a\delta.$$

Aus den Gleichungen (5) folgt die Tafeldifferenz, die wir mit D bezeichnen wollen,

$$D = ad = y_2 - y_1;$$

(6) dann ist $$\boxed{y = y_1 + \frac{y_2 - y_1}{d}\delta},$$

d. h. die Zunahme von y_1 wird erhalten, indem man die Tafeldifferenz $y_2 - y_1$ durch die konstante Differenz d der unabhängigen Veränderlichen teilt und diesen Bruch mit dem Zuwachs δ von x_1 multipliziert.

Bezeichnet man den zum Zuwachs δ von x_1 gehörigen Zuwachs $y - y_1$ mit Δ, so kann man aus der Gleichung (6) auch die Formel ableiten

$$\Delta = \frac{D}{d}\delta \quad \text{oder} \quad \frac{\Delta}{\delta} = \frac{D}{d}.$$

Soll die umgekehrte Aufgabe gelöst werden, ist also z. B. zu dem Arkuswerte 0,754 der Winkel zu bestimmen, so sieht man, daß er zwischen 43^0 und 44^0 liegt. Für 10 Einheiten der ersten Dezimale von x wächst y um $0{,}768 - 0{,}750 = 0{,}018$, also um 18 Einheiten der letzten Stelle. Wächst also y um 1 Einheit, so nimmt x um $\frac{10}{18}$ der ersten Dezimale zu. Da y um 4 Einheiten größer ist als arc 43^0, so ist die erste Dezimale von x viermal so groß: $\frac{10 \cdot 4}{18} \approx 2$ und wir erhalten $0{,}754 \approx \text{arc}\,43{,}2^0$. Jene Differenz von 4 Einheiten der letzten Dezimale $(0{,}754 - 0{,}750 = 0{,}004)$ heißt **eigne Differenz**.

Wir können daher die Regel aufstellen:

Die erste Dezimale des Winkels ist das Zehnfache der eigenen Differenz dividiert durch die Tafeldifferenz.

Auch hier wird man manchmal mit Vorteil rückwärts interpolieren.

Aus Formel (6) folgt jetzt die allgemeine Formel

(7) $$\delta = \frac{y - y_1}{y_2 - y_1}d.$$

Aufgaben: Berechne die Winkel zu den Arkus 0,783; 0,740; 0,748; 0,711.

Aus der Gleichung (1) kann man auch die andre bilden

$$\frac{y}{x} = a, \tag{8}$$

d. h.:

Stehen zwei veränderliche Größen in geradem Verhältnis, so hat ihr Quotient immer denselben Wert (ist konstant).

Die Verhältniszahl gibt also den konstanten Quotienten zweier zusammengehöriger Werte der beiden Veränderlichen an. Früher pflegte man diese Sachlage anders darzustellen, man vermied Gleichungen und benutzte zur Festlegung des geraden Verhältnisses Proportionen. Wenn — um das gleich allgemein darzulegen — für die Werte x_1 und x_2 der unabhängigen Veränderlichen die abhängige die Werte y_1 und y_2 hat, so wurde der Tatbestand des geraden Verhältnisses durch die Proportion

$$y_1 : y_2 = x_1 : x_2 \tag{9}$$

dargestellt, die man nach bekannten Regeln auch in der Form

$$y_1 : x_1 = y_2 : x_2 \tag{10}$$

schreiben kann; d. h. das Verhältnis zweier zusammengehöriger Werte der beiden Veränderlichen hat stets denselben Wert — die oben eingeführte Verhältniszahl.

§ 2. DIE LINEARE FUNKTION

Wir kommen zu einer sehr wichtigen Frage, deren volles Verständnis uns für später von großem Nutzen sein wird. Wir wollen annehmen, daß irgend zwei voneinander abhängige Veränderliche durch eine Tabelle gegeben sind, und fragen:

Kann man aus der Tabelle erkennen, ob die beiden Veränderlichen in geradem Verhältnis stehen oder nicht?

Wir nehmen an, daß die Werte von x immer um denselben Betrag — meist wird es die Einheit sein — zunehmen (vgl. die Tabelle S. 4).

Nach den bisherigen Erfahrungen wird man sofort antworten können: wenn gerades Verhältnis vorliegt, so müssen die Zunahmen von y konstant sein, was wir oben durch die

Gleichung $D = ad$ ausgedrückt hatten. *Läßt sich dieser Satz umkehren,* so daß also das konstante Wachstum von y genügt, um den Tatbestand des geraden Verhältnisses zu bestimmen?

Wir werden an einfachen Beispielen zeigen, daß diese Frage zu verneinen ist.

(1.) Jemand legt am Anfange eines Jahres 260 M in seinem Schreibtisch zurück, um davon jeden Sonntag zu irgendeinem Zwecke 5 M wegzunehmen. Dann hat man die beiden Zahlenfolgen:

Nummer des Sonntags:	0	1	2	...	50	51	52
In der Kasse vorhanden:	M 260	255	250	...	10	5	0.

Wenn man die ganze Folge von 53 Werten hinschreibt, so kann man für jeden Sonntag den Kassenbetrag ablesen. Es ist aber auch sehr leicht, eine *Formel* anzugeben, mit deren Hilfe man zu jeder Nummer eines Sonntags die zugehörige Geldsumme zu berechnen vermag, denn wenn man x mal 5 M weggenommen hat, so bleiben noch $y = (260 - 5x)$ M übrig. Führen wir Buchstaben ein, um eine allgemeine Beziehung zu bekommen, so erhalten wir die Gleichung

$$y = ax + b. \tag{11}$$

In unserem Beispiel hat der Koeffizient a den Wert -5 und das sog. freie Glied b den Wert 260. Da bei wachsender Sonntagsnummer x der Kassenbestand abnimmt, so ist es durchaus verständlich, daß der Koeffizient von x negativ ist.

(2.) Von einem See führe ein Weg zu einer um 7 m höheren Rampe, auf der sich ein Turm erhebt, den man auf 118 Stufen von je 14 cm Höhe ersteigen kann; wie hoch befindet man sich über dem Wasserspiegel, wenn man auf irgendeiner Stufe steht? Bezeichnet man mit x die Nummer der Stufe von unten an gezählt, so ergibt sich sofort für die Höhe y in Metern:

$$y = 0{,}14x + 7,$$

also wieder eine Gleichung von der Form (11); hier ist $a = 0{,}14$ und $b = 7$. Die zugehörige Tabelle ist:

x	0	1	2	3 ...	116	117	118
y	7	7,14	7,28	7,42 ...	23,24	23,38	23,52.

(3.) Wenn man einen Metallstab erwärmt, so nimmt seine

Länge bekanntlich zu. Hat er bei 0^0 C die Länge l_0 und bei t^0 die Länge l, so besteht die Gleichung

$$l = l_0(1 + \alpha t) = l_0' \alpha t + l_0,$$

abermals eine Gleichung von der Form (11). Sei etwa $l_0 = 100$ cm und der Stab aus Zink, so ist $\alpha = 0{,}000029$; der Koeffizient der unabhängigen Veränderlichen, die hier t heißt, ist $l_0 \alpha = 0{,}0029$, und man kann ohne Mühe eine Tabelle, die etwa von 10 zu 10 Grad fortschreitet, aufstellen.

(4.) Ein weiteres Beispiel, der Wert, den ein Kapital von 7200 M, das zu 3 % auf einer Sparkasse liegt, innerhalb eines Jahres für jeden beliebigen Tag hat, möge der Leser selbst ausführen.

In allen diesen Fällen wird man erkennen, daß die Tafeldifferenzen konstant sind. Läßt man die unabhängige Veränderliche immer um 10 Einheiten springen, so kann man die Zwischenwerte der abhängigen Veränderlichen nach der im vorigen Paragraphen gegebenen Methode berechnen. *Haben wir aber gerades Verhältnis?* Offenbar nicht; denn nehmen wir irgend zwei Wertpaare x_1, y_1 und x_2, y_2, so bestehen zufolge (11) die Gleichungen

$$y_1 = a x_1 + b,$$
$$y_2 = a x_2 + b;$$

daraus aber können wir nicht die Proportionen (9) des vorigen Paragraphen ableiten, sondern es folgt

$$y_1 : y_2 = \left(x_1 + \frac{b}{a}\right) : \left(x_2 + \frac{b}{a}\right)$$

oder auch $$(y_1 - b) : (y_2 - b) = x_1 : x_2.$$

Wir müssen also die eine der beiden Veränderlichen um einen konstanten Betrag $\left(+\frac{b}{a} \text{ oder } -b\right)$ vermehren, ehe wir gerades Verhältnis haben.

Die konstante Tafeldifferenz ist also zwar ein *notwendiges* Merkmal für gerades Verhältnis, aber sie ist nicht *hinreichend* dafür. Nicht nur die Funktion $y = ax$, sondern auch die allgemeinere Funktion $y = ax + b$ zeigt eine konstante Tafeldifferenz in der zugehörigen Tabelle.

Man kann das auch ganz allgemein einsehen. Wenn ich

in dem Ausdrucke $ax + b$ die Größe x um 1 wachsen lasse, so erhalte ich $a(x + 1) + b = ax + b + a$, d. h. der Ausdruck wächst um den konstanten Betrag a.

Endlich aber wollen wir von einem Wertpaare x_0, y_0 ausgehen und die zwei Gleichungen anschreiben

$$y_0 = ax_0 + b,$$
$$y = ax + b.$$

Subtrahieren wir die obere Gleichung von der unteren, so ergibt sich

(12) $$y - y_0 = a(x - x_0),$$

das freie Glied ist weggefallen, und wir sehen nun, daß die Differenzen $y - y_0$ und $x - x_0$ in geradem Verhältnis stehen. Der Leser wird gebeten, diese allgemeinen Rechnungen an den vorher angegebenen bestimmten Beispielen durchzuführen, bis er zu völliger Klarheit über diese Dinge gekommen ist. Weil es sich bei der Interpolation immer nur um Differenzen der beiden Veränderlichen handelt, so haben wir auch hier dieselbe Berechnungsart wie beim geraden Verhältnis.

Jetzt können wir unsere Untersuchung lückenlos abschließen. Die Gleichung (12) sagt aus, daß sich die Differenzen der y verhalten wie die zugehörigen Differenzen der x, sie ist also offenbar die allgemeine Formel dafür, daß in einer Funktionstafel durchweg konstante Differenzen vorhanden sind. Aus (12) folgt aber

(13) $$y = ax + (y_0 - ax_0),$$

und das ist nichts anderes als unsere Gleichung (11), wenn wir das freie Glied $y_0 - ax_0$ mit b bezeichnen.

Dann ist $y = ax + b$ und $y_0 = ax_0 + b$. Wir schließen also:

Die allgemeinste Funktion, deren Tabelle[1]) *konstante Differenzen aufweist, hat die Form $y = ax + b$.*

Eine solche Funktion nennt man **lineare Funktion.**

Aufgabe: Eine lineare Funktion hat für x_1 den Wert y_1 und für x_2 den Wert y_2. Wie heißt diese Funktion?

1) Beachte die Annahme, daß x immer um konstante Beträge wachsen sollte!

Wir benutzen zur Lösung der Aufgabe die *Methode der unbestimmten Koeffizienten.* Die Funktion muß nämlich die Form $y = ax + b$ haben, es sind demnach die zunächst noch unbekannten Größen a und b so zu bestimmen, daß für x_1 und x_2 die Werte y_1 und y_2 herauskommen — denn das war ja die Forderung der Aufgabe. Es bestehen also die beiden Gleichungen

$$y_1 = ax_1 + b,$$

$$y_2 = ax_2 + b.$$

Durch Subtraktion erhält man $y_2 - y_1 = a(x_2 - x_1)$, also wird

$$a = \frac{y_2 - y_1}{x_2 - x_1}.$$

Setzt man diesen Wert in die erste Gleichung ein, so kann man b berechnen; es kommt

$$b = y_1 - \frac{y_2 - y_1}{x_2 - x_1} x_1 .$$

Damit sind die Koeffizienten bestimmt, und die Funktion lautet:

$$y = \frac{y_2 - y_1}{x_2 - x_1} x + y_1 - \frac{y_2 - y_1}{x_2 - x_1} x_1 \tag{14}$$

oder auch[1]):

$$y = y_1 + \frac{y_2 - y_1}{x_2 - x_1} (x - x_1). \tag{15}$$

Diese letztere Formel stimmt völlig mit der früher abgeleiteten allgemeinen Interpolationsformel (6) des § 1 auf S. 5 überein, wenn man $x_2 - x_1 = d$ und $x - x_1 = \delta$ setzt. Wir werden dieser Formel noch öfters begegnen.

§ 3. DAS SCHAUBILD

Vor 50 Jahren waren *Schaubilder* oder *graphische Darstellungen* selbst bei höher gebildeten Leuten fast unbekannt, heute sind sie ganz allgemein üblich, so daß das Grundsätzliche davon kurz erledigt werden kann.

---

1) Beweise, daß man auch schreiben kann

$$y = y_2 + \frac{y_1 - y_2}{x_1 - x_2} (x - x_2).$$

Meist verwendet man ein rechtwinkliges Koordinatensystem, d. h. man nimmt zwei aufeinander senkrechte Geraden als Achsen, die eine horizontal, die andere vertikal, und trägt irgendeine Strecke als Längeneinheit vom Schnittpunkt O auf beiden Geraden nach beiden Seiten hin ab. Die Endpunkte der einzelnen Strecken bezeichnet man, wie etwa bei einem Maßstabe oder Meßband, der Reihe nach mit den ganzen Zahlen, wobei dem Anfangspunkt O die Zahl 0 beigelegt wird. Es ist üblich, auf der horizontalen Achse OX nach rechts die positiven, nach links die negativen Zahlen anzuschreiben; bei der vertikalen Achse OY schreibt man meist die positiven Zahlen nach oben, die negativen nach unten. Irgendein Punkt P' von OX hat nun, gemessen in der einmal angenommenen Einheit, eine bestimmte Entfernung von O; bezeichnen wir ihre Maßzahl mit x, so kann x eine beliebige positive oder negative, ganze oder gebrochene Zahl sein. In Fig. 2 ist $x = +2{,}6$. Irgendein Punkt P'' von OY hat eine Entfernung $OP'' = y$, in unserer Figur ist $y = +1{,}75$. Zieht man nun durch P' und P'' Parallelen zu den beiden Achsen OY und OX, so schneiden sie sich in einem bestimmten Punkte P, und dessen Lage in der Ebene ist eindeutig bestimmt durch diese beiden Zahlen $x = 2{,}6$ und $y = 1{,}75$, die man seine (rechtwinkligen) **Koordinaten** nennt. Insbesondere heißt x die **Abszisse**, y die **Ordinate** von P. Wäre der Punkt P von vornherein gegeben, so hätten wir P' und P'' als Fußpunkte der Lote von P auf die Achsen zu bestimmen und bekämen dadurch die zugehörigen Werte von x und y.

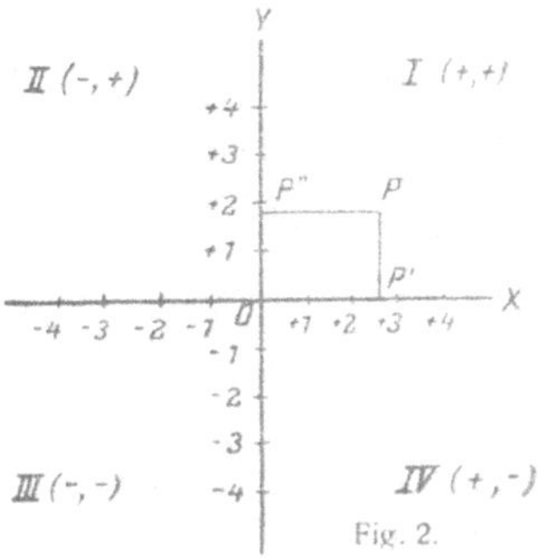

Fig. 2.

	x	y
I	+	+
II	−	+
III	−	−
IV	+	−

Die beiden Achsen teilen die Ebene in vier sog. Quadranten I, II, III und IV, und man überzeugt sich leicht, daß die Vorzeichen von x und von y die Lage eines Punktes in einem der vier Quadranten bestimmen, wie das nebenstehende Täfelchen zeigt. So liegt also ein Punkt P, dessen Koordinaten $x = -3$, $y = -2$ sind, im

III. Quadranten; man bezeichnet ihn kürzer durch den Ausdruck $P(-3, -2)$. Eine so eingeteilte Ebene wollen wir kurz **Koordinatenebene** nennen.

Aufgabe: Zeichne in einem quadrierten Papier zwei aufeinander senkrechte Achsen[1]) und nimm als Einheit entweder den Abstand zweier benachbarter Geraden oder irgendein passendes Vielfaches davon; hat man z. B. Millimeterpapier, so wählt man etwa 1 cm als Einheit der Länge, hat man Papier mit größeren Quadraten, wie in manchen Rechenheften, so nimmt man den einfachen, doppelten oder fünffachen Linienabstand als Einheit, je nach der Größe der darzustellenden Koordinaten.

Zeichne beliebige Punkte der Ebene und bestimme ihre Koordinaten.

Zeichne die Punkte $P_1(+2, +1)$; $P_2(-2, +1)$; $P_3(-2, -1)$; $P_4(+2, -1)$ und verbinde sie untereinander; welcher Satz ergibt sich über die gegenseitige Lage der Punkte, wie erkennt man die symmetrische Lage zweier Punkte in bezug auf eine Koordinatenachse aus den Koordinaten?

Wenn nun y eine Funktion von x ist, so daß also — *im* einfachsten Falle — zu jedem Werte von x ein bestimmter zugehöriger Wert von y irgendwie angegeben werden kann, so ist in der Koordinatenebene jedem Punkte der Abszissenachse OX ein bestimmter Punkt der Ebene zugewiesen, der das zugehörige y als Ordinate hat. In den Fällen, die wir hier betrachten wollen, liegen alle diese Punkte der Ebene auf einer Linie, die wir die *graphische Darstellung,* das *Diagramm* oder das *Schaubild der Funktion* nennen. Wir fragen sofort: wie sehen die Schaubilder der beiden Funktionen $y = ax$ und $y = ax + b$ aus?

I. Die Funktion $y = ax$.

Lassen wir x die Folge der ganzen Zahlen $\ldots -4, -3, -2, -1, 0, +1, +2, +3, +4, \ldots$ durchlaufen, so ergeben sich für y die Werte $\ldots -4a, -3a, -2a, -a, 0, +a, +2a, +3a, +4a, \ldots$ Wie wir auch das a annehmen, immer wird die Zeichnung ergeben, daß alle diese Punkte, deren Koordinaten der Gleichung $y = ax$ genügen, auf einer durch O gehenden Geraden liegen. In Fig. 3 ist für g_1 ein positives a, für g_2 ein negatives a angenommen; im ersten Falle geht die Gerade durch den I. und III. Quadranten, im zweiten Falle durch die Quadranten II und IV.

1) Selbstverständlich wird man als Achsen zwei Linien der Quadrierung nehmen.

Dürfen wir nun annehmen, daß die *ganze Gerade* das Schaubild der Funktion ist? Dazu müßte erst nachgewiesen werden, daß nicht nur für ganzzahlige x, sondern für jedes beliebige x der Punkt auf der Geraden liegt. Das gelingt aber leicht.[1]) Nennen wir A den Punkt $+1, +a$, so daß also $OA' = +1$, $AA' = +a$ ist, und sei P' ein beliebiger Punkt der x-Achse, P der senkrecht darüber liegende Punkt von g_1, so ist $P'P : OP' = A'A : OA'$; nun ist aber $A'A = a \cdot OA'$, also ist auch $P'P = a \cdot OP'$, d. h., wenn wir wieder die Bezeichnungen y und x gebrauchen, auch zwischen den Koordinaten x und y des *beliebigen* Punktes P von g_1 besteht die Gleichung $y = ax$. Wir können demnach den Satz aussprechen:

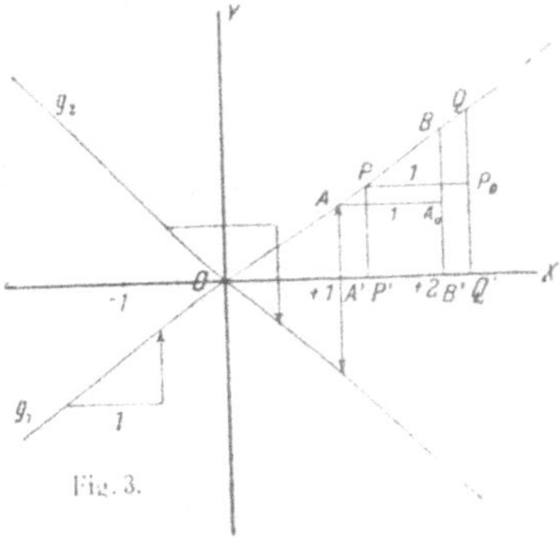

Fig. 3.

Das Schaubild der Funktion $y = ax$ ist eine durch den Koordinatenanfangspunkt gehende Gerade.

Die Gerade, deren Gleichung $y = ax$ ist — kurz: *die Gerade* $y = ax$ — wird konstruiert, indem man im Punkte $+1$ der x-Achse das Lot a errichtet; ist a positiv, so geht das Lot nach oben, ist a negativ, so ist das Lot nach unten zu errichten.

Bezeichnet man mit B den Punkt $(+2, +2a)$ und zieht $AA_0 \parallel OX$, so ist $\Delta AA_0B \cong \Delta OA'A$ und $A_0B = a$. Geht man von P' um eine Einheit weiter nach Q' und zeichnet ebenso das ΔPP_0Q, so erkennt man, daß auch dies den vorigen Dreiecken kongruent ist, es ist also auch $P_0Q = a$. Ein solches Dreieck PP_0Q, bei dem $PP_0 = 1$ ist und nach rechts geht, bezeichnet man als **Steigungsdreieck** und die Größe $P_0Q = a$ heißt die **Steigung** (auch *Gradient*) der Geraden. Bei positiver Steigung geht also die Gerade durch I und III, bei negativer Steigung durch II und IV. In Fig. 3 ist

1) Wegen irrationaler Werte der Koordinaten sei auf Wieleitner, Der Begriff der Zahl, 2. Aufl. Leipzig (Teubner) 1918, (diese Sammlung, Bd. 2) hingewiesen.

das Steigungsdreieck für verschiedene Punkte von g_1 und g_2 gezeichnet. Fügen wir endlich noch ausdrücklich hinzu:

Der Koeffizient von x in der Gleichung $y = ax$ gibt die Steigung der Geraden nach Richtung und Größe an.

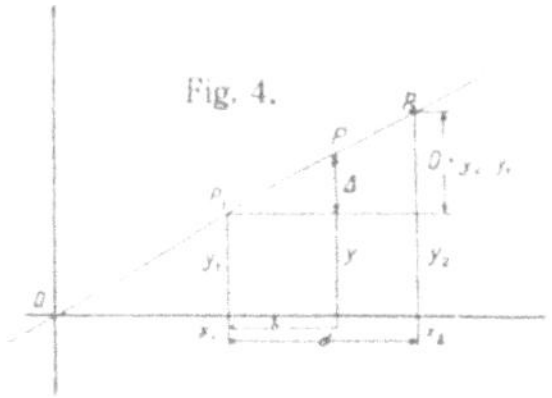
Fig. 4.

Aufgabe: Untersuche die Gleichungen $y = \frac{3}{4}x$, $y = -\frac{1}{2}x$, $3x + 2y = 0$. (Die letztere muß erst in die Form $y = ax$ gebracht werden.) Wie heißen die Gleichungen der beiden Geraden, die die Winkel der Achsen halbieren? ($y = x$, $y = -x$.)

Jetzt sind wir so weit, die Formel § 1, (6) auch geometrisch einzusehen.

Wir betrachten (Fig. 4) die Punkte P_1 (x_1, y_1), P_2 $(x_2 = x_1 + d$, $y_2 = y_1 + D)$ und nehmen zwischen ihnen einen Punkt P $(x = x_1 + \delta$, $y = y_1 + \Delta)$ an. Dann erkennt man unmittelbar aus der Figur, daß $\Delta : \delta = D : d$ ist und daraus entnimmt man

$$y = y_1 + \Delta = y_1 + \frac{D}{d}\delta = y_1 + \frac{y_2 - y_1}{x_2 - x_1}\delta .$$

Auch alle übrigen Aussagen, Sätze und Formeln von § 1 liest man ohne Mühe aus der Figur ab, sie sind geometrisch einleuchtend. Der Leser möge § 1 nochmals durcharbeiten und die Figuren selbst dazu zeichnen.

II. Die lineare Funktion $y = ax + b$.

Hier ist die Darstellung schnell erledigt: wenn man die Gerade $y = ax$ gezeichnet hat (Fig. 5), so braucht man sie nur um die Strecke b in der Ordinatenrichtung parallel zu verschieben, um die Gerade $y = ax + b$ zu erhalten; denn alle Ordinaten sollen ja um b größer sein, als bei der Geraden $y = ax$. Man erkennt sofort, daß die Steigung der Geraden $y = ax + b$ wiederum a ist und daß die Gerade durch den Punkt S $(x = 0, y = b)$ der Ordinatenachse geht. Um also das Schaubild für $y = ax + b$ zu zeichnen, konstruiert man das Steigungsdreieck im Punkte O, bestimmt den Punkt S $(0, b)$ und zieht durch ihn die Parallele zur Hypo-

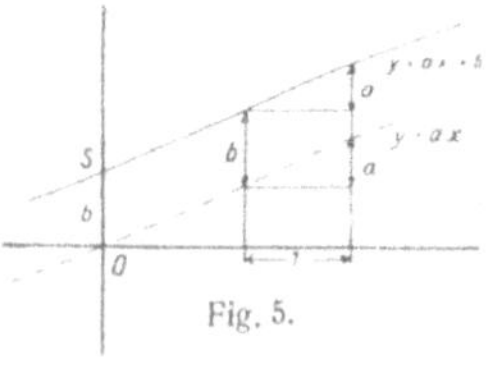
Fig. 5.

tenuse des Steigungsdreiecks. In den Figuren 6 und 7 sind alle vier möglichen Fälle der Vorzeichen von a und b berücksichtigt. Man erkennt, daß bei g_1 sowohl a wie b positiv sind, g_1 geht nicht durch IV; g_2 hat positives a, negatives b und geht nicht durch II; g_3 und g_4 haben negatives a und positives oder negatives b, sie gehen nicht durch III oder I.

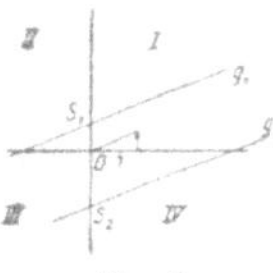

Fig. 6.

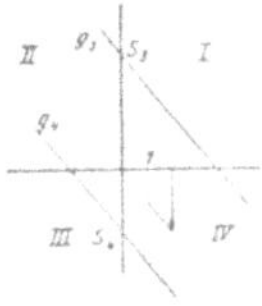

Fig. 7.

Aufgaben: Stelle dir die Lage der folgenden Geraden vor, und dann zeichne sie:

$$y = 3x - 2, \quad y = -x + 3, \quad y = \tfrac{1}{2}x + \tfrac{1}{3}, \quad y = -\tfrac{3}{2}x - \tfrac{2}{3}.$$

Auch die umgekehrte Aufgabe ist leicht zu lösen (Fig. 8):

Zu einer gezeichneten Geraden die Gleichung zu bestimmen.

Der Schnittpunkt mit der y-Achse gibt uns b nach Größe und Vorzeichen, das an irgendeiner Stelle gezeichnete Steigungsdreieck liefert uns a nach Größe und Vorzeichen. Ehe wir aber abschließen, müssen noch zwei Sonderfälle betrachtet werden (Fig. 9). Wenn die Gerade der x-Achse parallel läuft, wird offenbar $a = 0$ und die Gleichung heißt $y = b$; wenn aber die Gerade der y-Achse parallel ist, so hat für jeden ihrer Punkte x denselben Wert, etwa p und die Gleichung lautet demnach abweichend vom Bisherigen $x = p$. Diese letzten beiden Fälle sind für uns hier nicht von Belang, weil die Gleichung dann nur eine Veränderliche enthält. Das Ergebnis der Untersuchung ist:

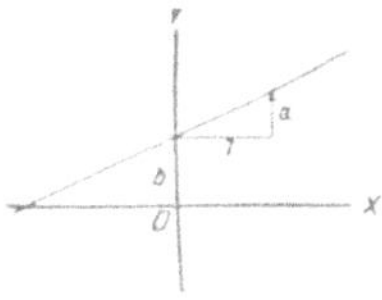

Fig. 8.

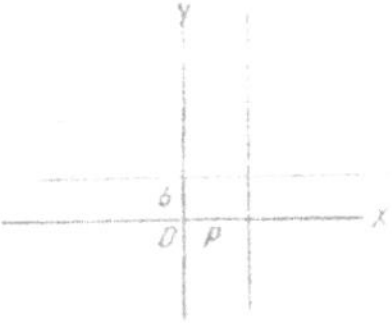

Fig. 9.

Jede Gleichung $y = ax + b$ stellt eine Gerade dar; deshalb heißt diese Gleichung lineare Gleichung, die Funktion lineare Funktion.

Jede Gerade in der Koordinatenebene ist das Schaubild einer linearen Funktion.

Jetzt gehen wir zu § 2 zurück und unterziehen die dort angestellten Rechnungen und Formeln der geometrischen Deutung.

Die dort angeführte konstante Tafeldifferenz ist sofort klar (Fig. 10). In Fig. 11 erhält man aus der Gleichung $y = ax + b$ der Geraden für $y = 0$ den Wert $x = -\frac{b}{a} = OT$; denn T ist ja der Schnittpunkt der Geraden und der x-Achse und für ihn ist $y = 0$; die absolute Länge von OT ist demnach $b : a$, mithin ist $TP_1' = x_1 + \frac{b}{a}$, $TP_2' = x_2 + \frac{b}{a}$, und, wenn man durch S die Parallele zur x-Achse zieht, $S_1P_1 = y_1 - b$, $S_2P_2 = y_2 - b$. Die Figur gibt dann ohne weiteres die beiden Proportionen von S. 8.

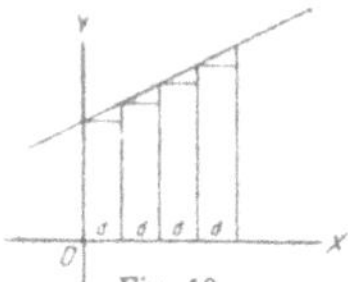

Fig. 10.

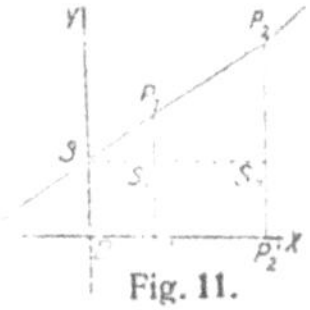

Fig. 11.

$$y_1 : y_2 = \left(x_1 + \frac{b}{a}\right) : \left(x_2 + \frac{b}{a}\right), \quad (y_1 - b) : (y_2 - b) = x_1 : x_2.$$

Die Formel (12) auf S. 9 liefert uns die Gleichung einer Geraden, die durch den Punkt P_0 $(x_0 y_0)$ geht und die Steigung a hat (Fig. 12). Endlich fordert, die Aufgabe S. 9 geometrisch ausgedrückt, die Gleichung einer Geraden, die durch zwei gegebene Punkte P_1 (x_1, y_1) und P_2 (x_2, y_2) geht; man erkennt (Fig. 13), daß die Gleichung (15) nichts weiter aussagt als die Proportion:

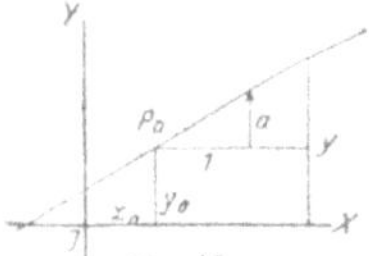

Fig. 12.

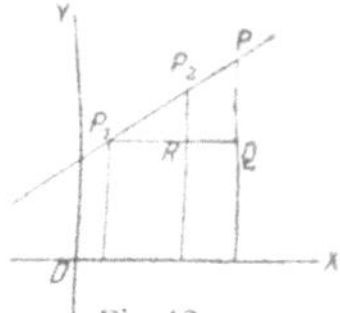

Fig. 13.

$$PQ : QP_1 = P_2R : RP_1,$$

d. h. $$(y - y_1) : (x - x_1) = (y_2 - y_1) : (x_2 - x_1);$$

P ist ein beliebiger Punkt der Geraden P_1P_2, dessen Koordinaten eben dieser Gleichung unterworfen sind.

Der Leser wird dringend gebeten, nicht eher weiter zu gehen, als bis er diese drei Paragraphen völlig verstanden hat; sie sind die Grundlage aller weiteren Untersuchungen.

§ 4. DAS UMGEKEHRTE VERHÄLTNIS

Die zweite Funktion, die bei der Schlußrechnung auftritt, wird durch das umgekehrte Verhältnis gekennzeichnet. Heißt es beim geraden Verhältnis „je größer, desto größer“, so sagt man hier wohl „je größer, desto kleiner“; allerdings genügt weder die eine, noch die andere Aussage zur genaueren Bestimmung des Verhältnisses!

Wir haben auch beim umgekehrten Verhältnis zwei veränderliche Größen; wird die eine verdoppelt, so muß die andere halbiert werden usw. In dieser Beziehung steht, um das einfachste Beispiel zu nehmen, die Größe der Teile eines Kuchens zu ihrer Anzahl. Soll ich noch einmal soviel gleiche Teile machen, so wird der einzelne Teil halb so groß; sind nur ein Drittel soviel Teile zu machen, so ist der einzelne Teil dreimal so groß. In dieser funktionalen Abhängigkeit stehen weiter: Bei gleichförmiger Bewegung die Zeit, in der ein bestimmter Weg zurückgelegt wird, zur Geschwindigkeit, Druck und Volumen einer bestimmten Gasmenge bei gleicher Temperatur, Höhe und Breite eines Rechtecks bei gleichem Inhalt. Mißt die Breite x cm, die Höhe y cm, so ist der Inhalt xy qcm. Soll das Rechteck gleich einem Quadrat von k cm Seitenlänge sein, so bestehen die Gleichungen

$$(16) \qquad xy = k^2, \quad y = \frac{k^2}{x}, \quad x = \frac{k^2}{y}$$

und *diese Gleichungen sind kennzeichnend für das umgekehrte Verhältnis.*

Sind ferner x_1, y_1 und x_2, y_2 zwei zusammengehörige Wertpaare, so ist $x_1 y_1 = x_2 y_2$, also gelten die Proportionen

$$y_1 : y_2 = x_2 : x_1 \quad \text{und} \quad y_1 : y_2 = \frac{1}{x_1} : \frac{1}{x_2},$$

und daraus erklärt sich die Bezeichnung umgekehrtes Verhältnis.

Sind n Wertpaare gegeben, so ist

$$y_1 : y_2 : y_3 : \cdots : y_n = \frac{1}{x_1} : \frac{1}{x_2} : \frac{1}{x_3} : \cdots : \frac{1}{x_n},$$

d. h. die Werte der einen Veränderlichen verhalten sich der Reihe nach wie die Reziproka der zugehörigen Werte der anderen Veränderlichen.

Gehen wir nun zum Schaubild über, so bedienen wir uns am einfachsten der geometrischen Deutung der Gleichung $xy = k^2$, die doch aussagt, daß das Quadrat mit der Seite k in alle möglichen Rechtecke verwandelt werden soll. Da nun k^2 sowohl $(+k) \cdot (+k)$ wie auch $(-k) \cdot (-k)$ sein kann und ebenso x und y gleiche Vorzeichen haben müssen, damit ihr Produkt positiv wird, so erkennen wir, daß die zu konstruierenden Rechtecke in I und III liegen.

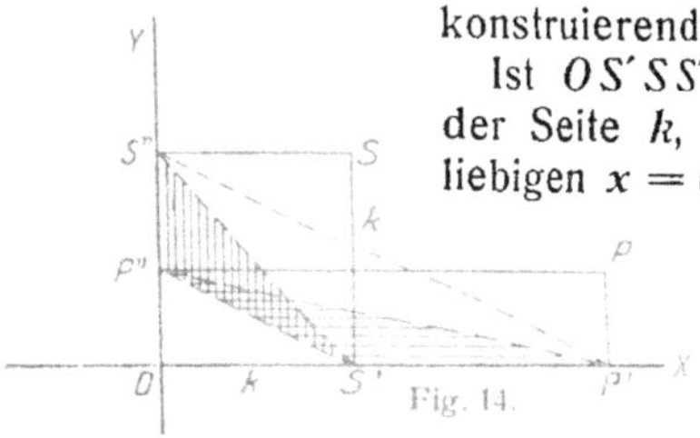

Fig. 14.

Ist $OS'SS''$ (Fig. 14) das Quadrat mit der Seite k, so findet man zu einem beliebigen $x = OP'$ das zugehörige $y = OP''$, indem man $S'P'' \parallel P'S''$ zieht. Das Rechteck $OP'PP''$ ist ja dem Quadrat $OS'SS''$ flächengleich.[1]) Demnach ist also P ein Punkt der Schaulinie, die Schaulinie enthält daher die „freien Ecken" aller solchen Rechtecke (Fig. 15). Offenbar sind die beiden „*Zweige*" des Schaubildes in I und III einander *kongruent* und man überzeugt sich auch leicht, daß die beiden Geraden $y = x$ und $y = -x$, die die Quadranten halbieren, Symmetrielinien der Figur sind: durch Umklappen um jede dieser Linien kommt die Figur mit der früheren Lage zur Deckung. Ist nämlich für die vier Punkte P_1, P_2, P_3, P_4

$$x_1 = y_2 = -x_3 = -y_4$$

und

$$y_1 = x_2 = -y_3 = -x_4,$$

so folgt zunächst aus $x_1 y_1 = k^2$ auch $x_2 y_2$

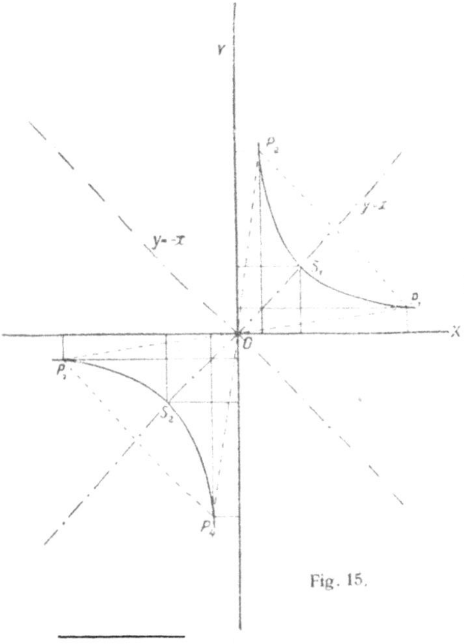

Fig. 15.

1) Beweis: Die beiden Dreiecke $OS'S''$ und $OP'P''$ haben das Dreieck $OS'P''$ gemeinsam. Die Restdreiecke $S'P''P'$ und $S'P''S''$ haben dieselbe Grundlinie $S'P''$ und ihre Spitzen P' und S'' liegen auf der Parallelen $P'S''$ zur Grundlinie, die Restdreiecke haben also auch gleiche Höhen, sind demnach flächengleich; usw.

$= x_3 y_3 = x_4 y_4 = k^2$, d. h. wenn P_1 der Linie angehört, so liegen auch P_2, P_3, P_4 auf ihr. Klappt man nun um die Linie $y = x$ um, so decken sich P_1 mit P_2, P_3 mit P_4; klappt man aber um $y = -x$ um, so decken sich P_1 mit P_4 und P_2 mit P_3. Außerdem werden $P_1 P_3$ und $P_2 P_4$ in O halbiert.

Die so erhaltene Linie nennt man **gleichseitige Hyperbel**; sie hat eine große Menge höchst bemerkenswerter Eigenschaften, z. B. hängt sie eng mit den Logarithmen zusammen.[1])

§ 5. DIE INTERPOLATION BEIM UMGEKEHRTEN VERHÄLTNIS

Um an einem bestimmten Beispiel[2]) arbeiten zu können, wollen wir die Kaufkraft y von 100 M in der Schweiz berechnen, wenn man x M für 100 Fr. zahlen muß. Unter der Kaufkraft verstehen wir hier den Wert von 100 M in Friedensmark ausgedrückt. Vor dem Kriege erhielt man 100 Fr. für 80 M; wenn man 160 M für 100 Fr. zahlen muß, so hat die Mark nur noch den halben Wert, 100 M gelten also soviel wie 50 Friedensmark. Würde man 100 Fr. für 1 M erhalten, so hätte diese eine Mark den 80fachen Friedenswert, also würden 100 M soviel wie 8000 Friedensmark gelten. Muß man x M für 100 Fr. zahlen, so folgt für den Wert y von 100 M in Friedensmark berechnet demnach

$$y = \frac{8000}{x}. \tag{17}$$

Berechnet man y für $x = 80$ bis $x = 400$ von 10 zu 10, so erhält man nachstehende Tafel (s. S. 20).

Wir fragen jetzt, in welcher Weise man hier Zwischenwerte berechnen kann, wie hoch also z. B. die Kaufkraft von 100 M ist, wenn man für 100 Fr. 127 M oder 216 M oder 293 M oder 378 M bezahlen muß.

Zur gründlichen Erledigung dieser Aufgaben gehen wir auf die allgemeine Gleichung (16) $y = k^2 : x$ zurück und fragen, wie wir zwischen $y_1 = k^2 : x$ und $y_2 = k^2 : (x + 1)$ interpolieren.

1) Vgl. A. Witting, Einführung in die Infinitesimalrechnung II Die Integralrechnung. 2. Aufl. (diese Sammlung Bd. 41).

2) Vgl. A. Witting, Abgekürzte Rechnung. S. 22 (diese Sammlung Bd. 47).

x	y	x	y	x	y
80	100,00	190	42,11	300	26,67
90	88,89	200	40,00	310	25,81
100	80,00	210	38,10	320	25,00
110	72,73	220	36,36	330	24,24
120	66,67	230	34,78	340	23,53
130	61,54	240	33,33	350	22,86
140	57,14	250	32,00	360	22,22
150	53,33	260	30,77	370	21,62
160	50,00	270	29,63	380	21,05
170	47,06	280	28,57	390	20,51
180	44,44	290	27,59	400	20,00

Lassen wir y um eine kleine Größe δ zunehmen, so erhalten wir einen zwischen y_1 und y_2 liegenden Wert y, so daß $y_1 > y > y_2$ ist; daher setzen wir $y = y_1 - \epsilon$ und haben

$$(18) \qquad y_1 - \epsilon = \frac{k^2}{x+\delta}\,.$$

Ist nun δ klein gegen x, so kann man für den Bruch einen angenäherten Wert setzen[1]) und schreiben

$$(19\text{a}) \qquad y_1 - \epsilon = \frac{k^2}{x+\delta} \approx \frac{k^2}{x}\left(1 - \frac{\delta}{x}\right) = \frac{k^2}{x} - \frac{k^2}{x^2}\delta;$$

unter Berücksichtigung von (16) findet man also

$$(19\text{b}) \qquad \epsilon \approx \frac{k^2}{x^2}\delta,$$

d. h. *die Abnahme von y_1 ist der Zunahme von x angenähert proportional.*

Es handelt sich also nur noch darum, die Verhältniszahl $k^2 : x^2$ mit genügender Genauigkeit auszurechnen. Das ist aber in einfacher Weise möglich, wenn x genügend groß gegen δ ist; denn setzen wir in (19a) $\delta = 1$, so erhalten wir $\frac{k^2}{x+1} \approx \frac{k^2}{x} - \frac{k^2}{x^2}$. Es ist daher

$$(20) \qquad \frac{k^2}{x^2} \approx \frac{k^2}{x} - \frac{k^2}{x+1} = y_1 - y_2,$$

d. h. *die Verhältniszahl $k^2 : x^2$ ist gleich der Differenz zweier aufeinander folgender Tafelzahlen (Tafeldifferenz).*

1) Vgl. A. Witting, Abgekürzte Rechnung § 13 (diese Sammlung Bd. 47).

In unserem Beispiel schreitet x nicht um 1, sondern um 10 fort, wir haben demnach die Tafeldifferenz durch 10 zu dividieren. Nehmen wir $x = 173$, so ist folgende Rechnung zu machen:

$$\text{Tafeldifferenz} = 47{,}06 - 44{,}44 = 2{,}62; \quad 0{,}262 \cdot 3 = 0{,}786,$$
$$y \approx 47{,}06 - 0{,}79 = 46{,}27.$$

Rechnet man 8000 : 173 aus, so ergibt sich 46,24, die vierte Stelle ist also ungenau.

Aufgabe: 1. Berechne die oben angegebenen Beispiele durch Interpolation und unmittelbar durch abgekürzte Division und vergleiche die Ergebnisse.

2. Berechne unmittelbar durch abgekürzte Division die Werte von y für alle ganzzahligen x der Dekade von 270 bis 280 und interpoliere dann für die Zehntel.

3. Berechne die Abweichung jedes Wertes von y der Tabelle von dem arithmetischen Mittel der beiden benachbarten Werte. Was folgt aus diesen Ergebnissen?

Beispiele: $61{,}54 = \frac{1}{2}(66{,}67 + 57{,}14) - 0{,}37$
$30{,}77 = \frac{1}{2}(32{,}00 + 29{,}63) - 0{,}05$
$20{,}51 = \frac{1}{2}(21{,}05 + 20{,}00) - 0{,}02.$

Aus den soeben angestellten Rechnungen und den oben entwickelten Formeln ergibt sich der Satz:

Je kleiner die Tafeldifferenz ist, um so genauer hat die Funktion $y = k^2 : x$ in dem Zwischenraum das Verhalten einer linearen Funktion.

Versuchen wir dem Satze noch ein strengeres Gepräge zu geben, so werden wir für diese lineare Funktion den Ausdruck $ax + b$ voraussetzen und nun verlangen, daß die unbestimmten Größen a und b bestimmt werden. Unter der Annahme, daß sich unsere Funktion innerhalb der Fehlergrenzen der Rechnung zwischen zwei bestimmten Werten x_1 und $x_1 + 1$ genügend einer linearen Funktion annähert hat man die zwei Gleichungen:

$$\frac{k^2}{x_1} = ax_1 + b \quad \text{und} \quad \frac{k^2}{x_1 + 1} = a(x_1 + 1) + b.$$

Subtrahiert man die erste von der zweiten, so kommt

$$a = \frac{k^2}{x_1 + 1} - \frac{k^2}{x_1} = -\frac{k^2}{x_1(x_1 + 1)};$$

setzt man diesen Wert in die erste Gleichung ein, so ergibt sich

$$\frac{k^2}{x_1} = -\frac{k^2}{x_1+1} + b, \quad \text{also} \quad b = \frac{k^2(2x_1+1)}{x_1(x_1+1)}.$$

Für irgendeinen Wert x zwischen x_1 und $x_1 + 1$ kann man mithin schreiben:

$$(21) \qquad y = \frac{k^2}{x} \approx -\frac{k^2}{x_1(x_1+1)}x + \frac{k^2(2x_1+1)}{x_1(x_1+1)} \approx \frac{k^2}{x_1(x_1+1)}[-x + (2x_1+1)].$$

Springt in der Tabelle die unabhängige Veränderliche nicht um 1, sondern um d, so findet man leicht die Formel

$$(22) \qquad y = \frac{k^2}{x_1(x_1+d)}[-x + 2x_1 + d].$$

Als Beispiel diene die Funktion der Gleichung (17) in dem Bereiche von $x_1 = 360$ bis $x_2 = x + d = 370$; es ist also $d = 10$, $k^2 = 8000$, die Rechnung ergibt

$$y \approx -0{,}060x + 4{,}38 \quad (\text{von } x = 360 \text{ bis } x = 370).$$

An den beiden Grenzen x_1 und $x_2 = x_1 + d$ findet genaue Übereinstimmung statt, zwischen den Grenzen nur Annäherung.

Man erkennt leicht durch Umrechnung, daß die Gleichung (22) völlig übereinstimmt mit der durch die Interpolationsmethode gegebenen Gleichung[1]) (6) S. 5, die wir schreiben können:

$$(23) \qquad y \approx y_1 + \frac{y_2 - y_1}{d}(x - x_1)$$

indem wir $d = x_2 - x_1$ setzen.[2]) Auch steht sie im Einklang mit Formel (15) S. 10.

1) Setze in Gleichung (23) für y_1 und y_2 die Werte $k^2 : x_1$ und $k^2 : (x_1 + d)$ ein und ordne die Glieder. Erprobe das an dem obigen Beispiel in Zahlen. Berechne die lineare Näherungsfunktion für mehrere andere Stellen der Tabelle auf S. 20 und bestimme die Abweichungen von den aus der Gleichung (17) unmittelbar zu findenden Werten.

2) Eine genauere Untersuchung zeigt, daß das Maximum des Unterschiedes zwischen der linearen Funktion und dem wahren Werte der Funktion y für den Wert $x = \sqrt{x_1 x_2}$ eintritt; wie groß ist diese maximale Abweichung? Wie groß darf d höchstens sein, damit dieser *Interpolationsfehler* unterhalb der Genauigkeitsgrenze liegt?

§ 6. GEOMETRISCHE BETRACHTUNG

Wie stellt sich nun die Interpolation unserer Funktion $y = k^2 : x$ graphisch dar? Diese Frage läßt sich leicht aus unseren letzten Formeln beantworten. Das Schaubild der Funktion $y = k^2 : x$ ist eine gleichseitige Hyperbel, das Schaubild einer linearen Funktion ist eine Gerade. Die Gleichung (22) stellt daher eine Gerade dar, die durch die beiden Punkte $P_1(x_1, y_1)$ und $P_2(x_2 = x_1 + d, y_2)$ der Hyperbel hindurchgeht, und die durch Interpolation gefundenen Werte von y zwischen y_1 und y_2 liegen nicht auf der Hyperbel, sondern auf dem sie ersetzenden Stück einer Geraden, d. h. *auf der Sehne der Hyperbel!* An den Endpunkten P_1 und P_2 der Sehne findet volle Übereinstimmung, dazwischen nur eine Annäherung statt (Fig. 16). Das läßt sich aber sehr anschaulich durch Beachtung des geometrischen Sinnes der Genauigkeit auffassen.

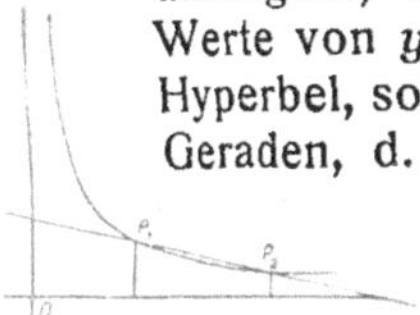
Fig. 16.

Nehmen wir zur Vereinfachung $k^2 = 1$, $x_1 = 6$, $x_2 = 7$, also $d = 1$, so ist $y_1 = 1 : 6 = 0{,}166\ldots$; $y_2 = 1 : 7 = 0{,}1428\ldots$; wir werden also eine Verabredung über die Stellenzahl, die wir anwenden wollen, treffen müssen. Nehmen wir 3 Dezimalen, so ist $y_1 \approx 0{,}167$, $y_2 \approx 0{,}143$. Die Ungenauigkeit, die wir hier begehen, kennen wir genau, da uns ja die wahren Werte bekannt sind. Im allgemeinen aber wird man bei solchen abgekürzten Zahlen nach den Grundsätzen der abgekürzten Rechnung nur wissen, daß die beiden Grenzen eine halbe Einheit der letzen Stelle kleiner oder größer sind, als die gegebene ungenaue Zahl. Wir erhalten demnach bei der Zeichnung nicht die *Punkte* P_1 und P_2, sondern an ihrer Stelle *zwei kleine vertikale Strecken* von der Breite der *Schwankung*, d. h. von einer Einheit der letzten Stelle. Bedenkt man jetzt, daß wir ja auch gar nicht Punkte und Linien in strengem Sinne zeichnen können, sondern in der Ebene statt dessen kleine Kreise und Streifen von gewisser Breite ziehen, so erkennt man, daß die *geometrische* Ungenauigkeit mit der *arithmetischen* in Einklang gebracht werden kann.

Wir brauchen nur festzusetzen, daß die *Strichbreite* eine Einheit der letzten Stelle sein soll. Sind also in unserem

Falle x und y in cm zu zeichnen, so muß die Strichbreite in vertikaler Richtung gemessen ein Hundertstel mm sein.

Die „Punkte" der Tabelle der Funktion $y = 1 : x$ sind jeweils die Mittelpunkte der kleinen vertikalen Strecken, die *ideale Sehne* ist demnach die geradlinige Verbindung dieser Mittelpunkte, die *reale Sehne* wird ebenso wie das Schaubild der Funktion ein Streifen von gleicher Breite sein, dessen Mittellinie die ideale Sehne ist; die Ränder des Streifens gehen genau durch die Grenzpunkte, das Schaubild der Funktion ist ein etwas gekrümmter Streifen. Fig. 17 stellt den Sachverhalt im wesentlichen dar. Wir erkennen leicht:

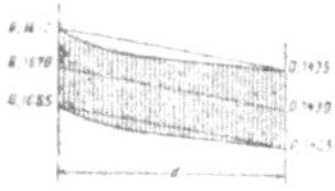

Fig. 17.

1. je größer d gewählt wird, eine um so größere Durchbiegung des Kurvenstreifens hat gegenüber dem Sehnenstreifen statt,

2. die „geradlinige Interpolation" ist solange zulässig, als die Mittellinie des Sehnenstreifens noch innerhalb des Kurvenstreifens liegt,

3. zu jeder Genauigkeitsgrenze (Stellenzahl von y) gibt es einen Grenzwert für d, der nicht überschritten werden darf,

4. der Grenzwert für d ist offenbar abhängig von der Krümmung der Kurve; je stärker die Krümmung ist, desto kleiner muß d gewählt werden. Um eine gleichmäßige Fortschreitung der x zu haben, begnügt man sich mit einem Mittelwert von d.

Allgemein ist es üblich, die Werte von y auf eine Stelle mehr zu berechnen als die von x, so daß also $d = 10$ Einheiten der letzten Stelle von y ist. Die Interpolation ergibt aber dann nicht immer zuverlässige Werte.

Wenn die Funktion $y = k^2 : x$ für eine gleichmäßig fortschreitende Folge von x-Werten berechnet vorliegt, so stellt eine solche Tafel eine Folge von Punkten in der Koordinatenebene dar. Denken wir uns sämtliche Zwischenwerte durch lineare Interpolation berechnet, so ist das Schaubild ein **Sehnenpolygon** der Kurve, wir ersetzen also auf diese Weise die Kurve durch ein Vieleck.

§ 7. DIE TAFEL DER REZIPROKA

Wir gehen nun dazu über, eine besondere allgemein übliche Form der Tafel zu erläutern und deren Verwendung zu zeigen. Wir benutzen als Beispiel die Funktion

$$y = \frac{1}{x},$$

wo also y das Reziprokum von x ist. Eine brauchbare Tafel befindet sich auf S. 26.

In dieser Tabelle sind die Reziproka der Zahlen von 1,0 bis 9,9 auf 3 Dezimalen gegeben. Wollen wir z. B. das Reziprokum von 4,8 haben, so gehen wir auf der fünften Reihe, die mit 4 bezeichnet ist, bis zur neunten Spalte, die mit 8 überschrieben ist, und finden für das Reziprokum den Wert 0,208. In der Tat ist ja, wie man leicht ausrechnet, $1 : 4{,}8 \approx 0{,}208$. Will man das Reziprokum von 48 haben, so muß man noch durch 10 dividieren, es ergibt sich demnach 0,0208; das Reziprokum von 0,48 wird 2,08.

Berechnet man das Reziprokum von 6,5 auf 5 Dezimalen, so ergibt sich 0,13585, daher heißt die Zahl auf 3 Dezimalen abgekürzt 0,154; in der Tabelle ist diese 4 schräg gedruckt, und damit soll angedeutet sein, daß sie durch Erhöhung aus einer 3 entstanden ist. *Jede schräg gedruckte dritte Dezimale ist bei der Abkürzung erhöht.*[1])

Die Tafel liefert durch Interpolation **die Reziproka aller dreistelligen Zahlen.** Wir brauchen ja nur den zehnten Teil der Tafeldifferenz mit der dritten Stelle zu multiplizieren, um den Zuwachs des zu den ersten zwei Stellen gehörenden Reziprokums zu erhalten.

In der letzten Spalte, die mit D überschrieben ist, stehen die Differenzen der letzten Zahl einer Reihe und der ersten Zahl der nächsten Reihe.

Soll also z. B. $1 : 4{,}83$ berechnet werden, so suchen wir zuerst $1 : 4{,}80 \approx 0{,}208$. Die Tafeldifferenz ist $0{,}204 - 0{,}208 = -0{,}004$ oder in Einheiten der dritten Dezimale angegeben -4. Davon ist der zehnte Teil mit 3 zu multiplizieren: $-0{,}4 \cdot 3 = -1{,}2 \approx -1$, wir haben also die dritte Dezimale

1) Prüfe dies an einigen Zahlen, insbesondere bei den Reziproken von 7,7 und 9,1.

Tafel 1.

	0	1	2	3	4	5	6	7	8	9	D
1,	1,000	0,909	0,833	0,769	0,714	0,667	0,625	0,588	0,556	0,526	26
2,	500	476	455	435	417	400	385	370	357	345	12
3,	333	323	313	303	294	286	278	270	263	256	6
4,	250	244	238	233	227	222	217	213	208	204	4
5,	200	196	192	189	185	182	179	175	172	169	2
6,	167	164	161	159	156	154	152	149	147	145	2
7,	143	141	139	137	135	133	132	130	128	127	2
8,	125	123	122	120	119	118	116	115	114	112	1
9,	111	110	109	108	106	105	104	103	102	101	

von 0,208 um 1 zu vermindern, erhalten demnach $1 : 4{,}83 \approx 0{,}207$. Es versteht sich von selbst, daß wir stets nur 3 Stellen erhalten können. Weitere Beispiele, die der Leser selbst nachrechnen möge, sind:

Num.	0,238	64,5	3,72	0,156	0,0705	3,01	5,93	1,94
Rez.	4,21	0,0155	0,269	6,42	14,2	0,332	0,168	0,516.

Die Bezeichnung Num. ist eine Abkürzung für *Numerus* und bedeutet beim Tafelrechnen ganz allgemein die unabhängige Veränderliche, d. h. die *Zahl*, für welche die Funktion (hier das Rez. = Reziprokum) berechnet ist.

Zum Schluß wollen wir noch darauf hinweisen, daß die Umkehrung dieser Funktion wieder dieselbe Funktion ist; aus $y = 1 : x$ folgt ja umgekehrt auch $x = 1 : y$. So können wir also für diejenigen 99 dreistelligen Zahlen, die in der Tafel stehen, die Reziproka unmittelbar ablesen. Also ist z. B. $1 : 0{,}556 \approx 1{,}80$ und $1 : 0{,}185 \approx 5{,}40$.

§ 8. DAS QUADRATISCHE VERHÄLTNIS

Als viertes Beispiel einer funktionalen Beziehung betrachten wir das quadratische Verhältnis: *Die abhängige Veränderliche soll dem Quadrat der unabhängigen proportional sein.* In dieser Beziehung stehen die Flächen ähnlicher Figuren zu den Längen entsprechender Strecken, z. B. die Inhalte der Quadrate zu den Quadratseiten, oder die Inhalte der gleichseitigen Dreiecke zu den Seiten, die Inhalte der regelmäßigen n-Ecke zu den Seiten. In jedem dieser Fälle gibt es einen bestimmten Proportionalitätsfaktor. So ist die Maßzahl der Fläche eines Quadrats gleich dem Quadrat der Maßzahl einer Seite; das kommt natürlich nur dadurch und dann zustande, *wenn wir als Flächeneinheit das Quadrat der Längeneinheit nehmen*, also z. B. die Länge in cm messen und die Fläche nach Quadratzentimetern (qcm = cm^2) angeben. Bezeichnet y die Maßzahl der Fläche und x diejenige einer Seite, so lautet die Beziehung $y = x^2$.

Für das gleichseitige Dreieck haben wir unter denselben Voraussetzungen bekanntlich $y = \frac{1}{4} x^2 \sqrt{3}$. Im ersten Falle ist also der Proportionalitätsfaktor 1, im zweiten Falle ist er $\frac{1}{4}\sqrt{3} \approx 0{,}43_3$. Die Kreisfläche vom Radius x wird durch die Formel $y = \pi x^2$ gegeben, der Verhältnisfaktor ist also $\pi = 3{,}14159\ldots$

Allgemein können wir demnach für das quadratische Verhältnis die Gleichung ansetzen:

$$y = c x^2, \tag{24}$$

aus der durch Umkehrung sofort folgt

$$x = c' \sqrt{y}, \tag{25}$$

wobei wir $\sqrt{1 : c} = c'$ gesetzt haben.

Die Frage, die uns hier wie in den früheren Fällen bewegt, ist, wie findet man aus einer Tabelle, die für eine Folge von x-Werten die zugehörigen y-Werte enthält, Zwischenwerte, also *wie interpoliert man*. Die Antwort ist sehr einfach, wenn wir uns gewisser Näherungsformeln[1]) bedienen. Nennen wir wieder d die konstante Differenz der x-Werte und betrachten wir einen bestimmten Zwischenraum zwischen den Werten x_1 und $x_2 = x_1 + d$, so werden wir verlangen, auf möglichst einfache Weise den y-Wert für irgendein in dem Zwischenraum gelegenes x zu bestimmen. Sei δ eine Zahl, die kleiner als d ist, so wird $x = x_1 + \delta$ eine in dem angenommenen Zwischenraum liegende Zahl sein, und man hat die drei Gleichungen

$$y_1 = c x_1^2, \quad y = c(x_1 + \delta)^2, \quad y_2 = c(x_1 + d)^2;$$

1) Vgl. A. Witting, Abgekürzte Rechnung § 13 (diese Sammlung Bd. 47).

die Aufgabe ist nun so festzulegen:

Man soll y *aus* y_1, y_2 *und* δ *berechnen.*

Wenn die Differenz d so klein ist, daß ihr Quadrat vernachlässigt werden kann, so ist

$$y_2 \approx c x_1^2 + 2 c x_1 d = y_1 + 2 c x_1 d,$$

also

$$2 c x_1 \approx (y_2 - y_1) : d,$$

und damit wird

$$y \approx c x_1^2 + 2 c x_1 \delta = y_1 + \frac{y_2 - y_1}{d} \delta, \tag{26}$$

d. h. wir haben wieder die Annäherung durch eine lineare Funktion.[1])

Diese lineare Annäherungsfunktion können wir für den Zwischenraum von x_1 bis $x_2 = x_1 + d$ auch auf folgende Weise berechnen. Wir setzen $y = ax + b$, wo x zwischen x_1 und x_2 liegen soll und verlangen, daß für die beiden Grenzen genaue Gleichheit besteht; dann hat man für die beiden unbestimmten Größen a und b die Gleichungen

$$y_1 = a x_1 + b, \quad y_2 = a x_2 + b = a(x_1 + d) + b.$$

Daraus ergibt sich

$$a = 2 c x_1 + c d = c(x_1 + x_2)$$

$$b = - c x_1^2 - c d x_1 = - c x_1 x_2; \quad \text{also wird}$$

$$y \approx c(x_1 + x_2) x - c x_1 x_2, \qquad x_1 \leqq x \leqq x_2. \tag{27}$$

Setzen wir in dieser Gleichung $x = x_1$ oder $x = x_2$, so erhalten wir die genauen Werte von y_1 oder y_2.[2])

Wir betrachten jetzt die Umkehrung der quadratischen Funktion, die wir oben $x = c'\sqrt{y}$ schrieben. Wir wollen aber lieber x und y vertauschen und nun die Funktion

$$y = c\sqrt{x} \quad \text{ins Auge fassen.} \tag{28}$$

---

1) Für $\delta = 0$ erhält man $y = y_1$, und für $\delta = d$ kommt $y = y_2$, beides sind genaue Gleichungen.

2) Eine genauere Untersuchung lehrt, daß die größte Abweichung dieser linearen Funktion von unserer quadratischen für den Wert $\frac{1}{2}(x_1 + x_2)$ eintritt; wie groß ist diese maximale Differenz? Wie groß darf d höchstens sein, damit dieser „Fehler" unbeachtlich ist, d. h. unterhalb der Genauigkeitsgrenze liegt?

Die Hauptfrage ist für uns immer wieder: Wie ist diese Funktion angenähert in einem kleinen Zwischenraum von x_1 bis $x_2 = x_1 + d$ beschaffen, wie kann man in solchem Zwischenraum interpolieren? Wir wünschen, daß die Interpolation durch eine lineare Funktion als möglich erwiesen werde; damit etwas Abwechselung in die Untersuchung kommt, wollen wir die Gleichung (12) (S. 9) zugrunde legen. Es soll also untersucht werden, ob der Quotient $(y-y_1):(x-x_1)$ angenähert konstant ist.[1]) Setzen wir $x-x_1=\delta$, so ergibt sich[2])

$$\frac{y-y_1}{x-x_1}=\frac{c}{\delta}\left(\sqrt{x_1+\delta}-\sqrt{x_1}\right)\approx\frac{c}{\delta}\left(\sqrt{x_1}+\frac{\delta}{2\sqrt{x_1}}-\sqrt{x_1}\right)$$

$$=\frac{c}{2\sqrt{x_1}},$$

(29) also endlich $$\frac{y-y_1}{x-x_1}\approx\frac{y_1}{2x_1}.$$

Damit ist aber bewiesen, daß bei genügend kleinem δ der Quotient konstant ist, daß also bei genügend kleiner Differenz d die Funktion $y=c\sqrt{x}$ angenähert durch eine lineare Funktion ersetzt werden kann. Jener konstante Quotient ist der Koeffizient a der linearen Funktion $ax+b$; das freie Glied b erhält man durch Auflösung der Gleichung (29) nach y. Es ergibt sich nach leichter Umrechnung

(30) $$y\approx\frac{y_1}{2x_1}x+\frac{1}{2}y_1,$$

eine angenäherte Gleichung, die offenbar für $x=x_1$ in die genaue Gleichung $y=y_1$ übergeht. Aber für $x=x_2$ erhält man keine genaue Gleichung, wir sehen also, daß die Darstellung (30) ganz anderer Art ist als unsere früheren Entwicklungen. Bisher gab die lineare Näherungsfunktion für die beiden Grenzen x_1 und x_2 genaue Werte, hier erhalten wir nur für x_1 den genauen Wert, hingegen wird die Abweichung mit wachsendem δ immer größer, die Annäherung immer schlechter, wie aus der Herleitung von (29) erkennbar ist. Wollen wir eine lineare Funktion haben, die wie

1) Daß wir dort die Marke 0 und hier die Marke 1 benutzen, um den Ausgangswert zu bezeichnen, ist unwesentlich.

2) Vgl. A. *Witting*, Abgekürzte Rechnung S. 33.

früher für x_1 und x_2 mit der gegebenen Funktion genau übereinstimmt, dann müssen wir bei der Entwicklung der Gleichung eben auch beide Grenzen benutzen, uns also der Formel (14) (S. 14) bedienen. Man bekommt dadurch nach einiger Umrechnung die Näherungsgleichung[1])

$$(31)\quad y \approx \frac{c}{\sqrt{x_1}+\sqrt{x_2}}\,x + \frac{c\sqrt{x_1 x_2}}{\sqrt{x_1}+\sqrt{x_2}} = \frac{c_2}{y_1+y_2}\,x + \frac{y_1 y_2}{y_1+y_2}\,.$$

§ 9. GEOMETRISCHE UNTERSUCHUNG DER REINQUADRATISCHEN FUNKTION

Die Betrachtungen namentlich am Schlusse des vorigen Paragraphen können erst völlig klar werden, wenn wir sie an den Schaubildern der Funktionen[2]) $y = cx^2$ und $y = c\sqrt{x}$ verfolgen. Es empfiehlt sich, der Herstellung der Kurven nicht eine berechnete Tabelle zugrunde zu legen, sondern, wie schon beim Reziprokum, eine geometrische Konstruktion. Dabei lernen wir eine für die *analytische Geometrie* (in der Kurven algebraisch untersucht werden) wesentliche Festsetzung kennen, auf die zuerst *Descartes* (31. März 1596 bis 11. Febr. 1650) gekommen ist: *jeder algebraische Ausdruck soll geometrisch als die Strecke gedeutet werden, deren Maßzahl sich durch Ausrechnung jenes Ausdruckes ergibt.*

Damit war eine schwere Fessel der Geometrie gesprengt, wie die außerordentlich schnelle Weiterentwicklung der Mathematik im 17. Jahrhundert bekundet. Wenn wir nun eine Strecke $y = cx^2$ konstruieren wollen, wo c sowohl wie x selbst Strecken bedeuten, so führen wir als Maß dieser Strecken die Einheitsstrecke m ein:

$$m = 1$$

und erreichen demgemäß $y = \frac{cx^2}{m^2}$, was numerisch dasselbe er-

1) Genauere Untersuchung zeigt, daß die maximale Abweichung dieser linearen Funktion von dem wahren Werte von y innerhalb des Zwischenraumes von x_1 bis x_2 für den Wert $x = \frac{1}{4}(\sqrt{x_1}+\sqrt{x_2})^2$ eintritt. Was folgt daraus? Vgl. die Anmerkungen auf S. 22 und S. 28. Dafür ergibt sich $y = \frac{1}{2}(y_1 + y_2)$.

2) Die *allgemeine* quadratische Funktion lautet $y = ax^2 + bx + c$; sie kann aus Platzmangel hier nicht behandelt werden.

gibt wie cx^2, geometrisch, in gewöhnlicher Weise gedeutet, tatsächlich eine Strecke ist. Soll $y = c\sqrt{x}$ konstruiert werden, dann schreiben wir dafür $y = c\sqrt{\frac{x}{m}}$.

Bei der Konstruktion von $y = cx^2 : m^2$ beschränken wir uns auf den I. Quadranten, denn ersichtlich ist die Kurve in II das Spiegelbild, da man für entgegengesetzt gleiche x dasselbe y erhält. Wir machen (Fig. 18) auf OX die Strecke $OM = m = 1$ und $OA = x$, errichten in M und A die Lote, machen $MC = c$ und ziehen die Gerade OC, die von dem andern Lot in A_1 geschnitten wird. Dann ist: $AA_1 : c = x : m$, also $AA_1 = cx : m$. Zieht man nun $A_1P_1 \parallel OX$, verbindet O mit P_1 bis zum Schnittpunkt A_2 mit dem Lote in A, so ist:

Fig. 18.

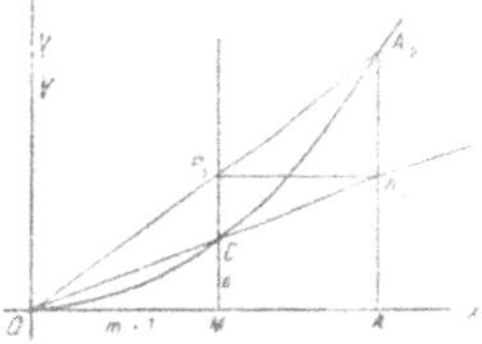

$$AA_2 : MP_1 = x : m,$$

also $$AA_2 = MP_1 \cdot x : m = AA_1 \cdot x : m = cx^2 : m^2,$$

d. h. AA_2 ist das zu $OA = x$ gehörige y. Läßt man A auf der x-Achse wandern und konstruiert für jede Lage von A den zugehörigen Punkt A_2 in derselben Weise, so beschreibt A_2 die gesuchte Kurve, die das Schaubild der quadratischen Funktion $\boldsymbol{y = cx^2}$ ist; sie heißt übrigens (gewöhnliche oder quadratische) **Parabel** (mit vertikaler Achse).

Die Gleichungen (26) und (27) stellen ersichtlich wieder die Sehnen der Parabel dar. Bei (26) ist $\delta = x - x_1$, daher hat (26) die Form $y = ax + b$, ist also die Gleichung einer Geraden; da sie für $\delta = 0$, also $x = x_1$, den Wert y_1 und für $\delta = d$, also $x = x_1 + d = x_2$, den Wert y_2 gibt, so geht die Gerade durch die beiden Punkte P_1 und P_2, ist also die Sehne P_1P_2.

Bei (27) sind die Koeffizienten unmittelbar so bestimmt, daß die Gerade durch P_1 und P_2 geht. Die beiden Gleichungen (26) und (27) müssen deshalb identisch sein; in der Tat ist ja $d = x_2 - x_1$, $\delta = x - x_1$, also ist

$$y_1 + \frac{y_2 - y_1}{x_2 - x_1}(x - x_1) = cx_1^2 + c\,\frac{x_2^2 - x_1^2}{x_2 - x_1}(x - x_1) = cx_1^2$$
$$+ c(x_2 + x_1)(x - x_1) = c(x_1 + x_2)x - cx_1x_2.$$

Die in der Anmerkung 1, S. 30 angedeutete Untersuchung lehrt zugleich auch hier den Zusammenhang der Strichbreite mit der Stellenzahl bei Aufstellung einer Tabelle, für welche die lineare Interpolation gültig sein soll.

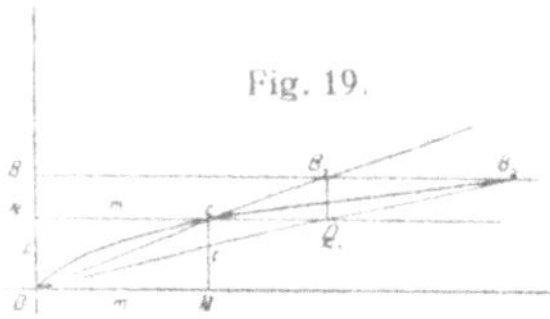

Fig. 19.

Zur Konstruktion der Kurve $y = c\sqrt{x}$, der Parabel mit horizontaler Achse, kann man mehrere Wege einschlagen. Zunächst wollen wir die Gleichung $x = \frac{1}{c^2} y^2 = \frac{m y^2}{c^2}$ ableiten und danach konstruieren. Man trägt auf der y-Achse $OB = y$ ab und sucht nun in der aus der Figur 19 leicht ersichtlichen Weise das zugehörige x. Es ist ja $BB_1 = \frac{m y}{c} = NQ_1$ und $BB_2 = \frac{NQ_1 \cdot y}{c} = \frac{m y^2}{c^2}$; also ist $BB_2 = x$ und B_2 ein Punkt der Kurve. Eine zweite Möglichkeit der Konstruktion ergibt sich, wenn die Kurve $y = cx^2$ gezeichnet vorliegt (Fig. 20).

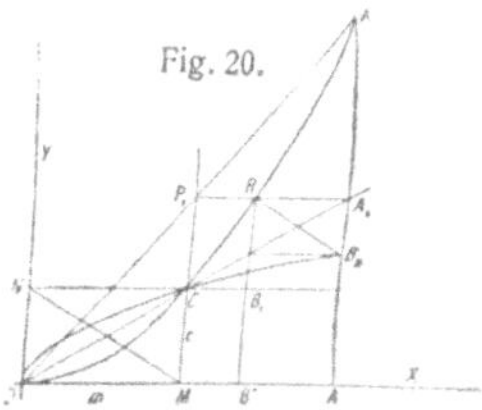

Fig. 20.

Schneidet nämlich die Gerade A_1P_1 die Kurve $y = cx^2$ im Punkte R, so zieht man $RB_1 \parallel OY$ und $B_1B_2 \parallel OX$.

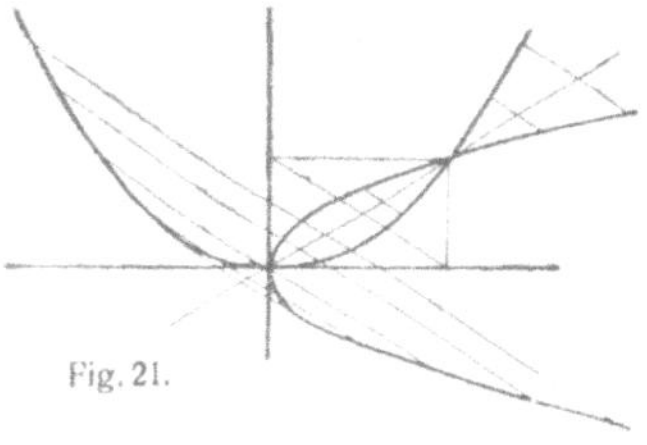

Fig. 21.

Der Punkt R hat die Abszisse OB' und die Ordinate $B'R = AA_1 = cx : m$; setzt man diese Größen in die Gleichung der Kurve ein, so kommt:

$$\frac{cx}{m} = c \cdot OB'^2, \text{ also } OB' = \sqrt{\frac{x}{m}},$$

folglich ist:

$$AB_2 = B'B_1 = \frac{MC \cdot OB'}{OM} = \frac{c}{m}\sqrt{\frac{x}{m}} = c\sqrt{x},$$

da ja $m = 1$ ist. B_2 ist also ein Punkt der gesuchten Kurve. Zieht man in dem Rechteck $B_1B_2A_1R$ die zweite Diagonale RB_2, so bildet diese mit der x-Richtung denselben Winkel wie OC, nur nach der anderen Seite gekehrt, und ferner wird RB_2 von der Geraden OC halbiert. Man kann demnach aus einem Punkte R der einen Kurve den Punkt B_2 der andern erhalten, indem man in der festen Richtung $RB_2 \parallel MN$ zieht und die Strecke von R bis zum Schnitt mit OC nochmals aufträgt. In Fig. 21 ist das an einigen Punkten ausgeführt. Man sagt, die beiden Kurven stehen in *schiefer Symmetrie*. Die eine Kurve liegt in I und II, die andere in I und IV.

Die lineare Gleichung (31) ist ersichtlich nichts anderes als die Gleichung der Sehne durch die Punkte P_1 und P_2, dagegen muß noch untersucht werden, was Gleichung (30) geometrisch bedeutet:

$$(30) \qquad y = \frac{y_1}{2x_1}\,x + \tfrac{1}{2}y_1.$$

Nach den in § 3 gegebenen Vorschriften ist $\frac{1}{2}y_1$ der Abschnitt OS, den die Gerade auf der y-Achse bestimmt. Verlängert man die Gerade bis zum Schnitt T mit der x-Achse, so ist $TP_1' = 2x_1$, was sich noch bequemer zeichnet als die Halbierung von y_1. Die genau ausgeführte Zeichnung läßt uns vermuten, daß die Gerade wohl die **Tangente** der Kurve im Punkte P_1 ist. Der Beweis dafür, daß das wirklich so ist, läßt sich leicht mit Hilfe der zweiten Form der Gleichung (31)

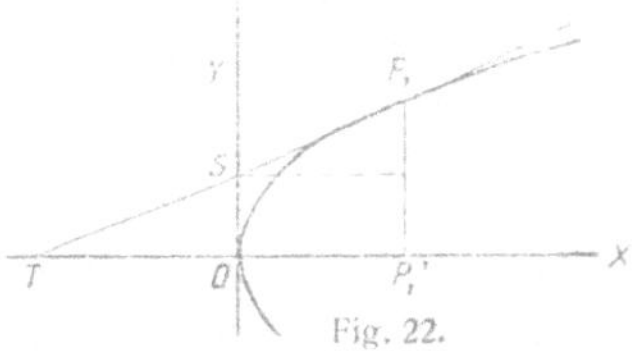

Fig. 22.

$$(31) \qquad y = \frac{c^2}{y_1 + y_2}\,x + \frac{y_1 y_2}{y_1 + y_2}$$

führen. Läßt man nämlich den Punkt P_2 immer näher an P_1 heranrücken, so nähert sich die Sekante P_1P_2 immer mehr der Tangente im Punkte P_1; sie fällt mit ihr zusammen, wenn P_2 mit P_1 zusammenfällt, wenn also $y_2 = y_1$ gesetzt wird. Dann entsteht aus (31) die Gleichung

$$y = \frac{c^2}{2y_1}\,x + \frac{y_1^2}{2y_1}$$

und das ist tatsächlich dasselbe wie (30), man braucht nur $c^2 = y_1^2 : x_1$ zu setzen und die beiden Brüche zu kürzen!

Nun ist es auch ersichtlich, daß in unmittelbarer Nähe von P_1 der Ersatz der Kurve durch die Tangente gut möglich ist, daß aber die Übereinstimmung um so schlechter wird, je weiter man sich von P_1 entfernt; wir hatten das schon auf S. 29 rechnerisch festgestellt.

§ 10. DIE QUADRATTAFEL UND DIE WURZELTAFEL

Wenn wir den Koeffizienten c der beiden Funktionen $y = cx^2$ und $y = c\sqrt{x}$ gleich 1 setzen und und für die ganzzahligen Werte von x die Quadrate und Wurzeln berechnen, so erhalten wir die folgenden zwei Tafeln auf S. 35 u. 36.

Erläuterung zur Quadrattafel. Alle Zahlen dieser Tafel sind *genau*. So ist $6{,}7^2 = 44{,}89$; daraus bestimmt sich $67^2 = 4489$, $670^2 = 448900$, $0{,}67^2 = 0{,}4489$ und $0{,}067^2 = 0{,}004489$.

Die *lineare Interpolation,* wie wir kurz sagen wollen, gestattet uns, angenäherte Werte der Quadrate von dreistelligen Zahlen zu berechnen. Soll also z. B. $6{,}73^2$ bestimmt werden, so bilden wir die Tafeldifferenz $D = 6{,}8^2 - 6{,}7^2 = 46{,}24 - 44{,}89 = 1{,}35$ und multiplizieren ihren zehnten Teil mit 3; dies gibt den Zuwachs $\Delta = 0{,}135 \cdot 3 = 0{,}405 \approx 0{,}41$. Also ist $6{,}73^2 \approx 45{,}30$. Und so in allen anderen Fällen. Indessen wird man wohl zugeben müssen, daß die Differenzbildung D zweier aufeinander folgender Tafelwerte nicht immer bequem ist. Hier gibt es eine *bessere Methode der Interpolation.* Wir gehen von den Gleichungen

$$y_1 = x_1^2 \quad \text{und} \quad y = (x_1 + \delta)^2 = x_1^2 + 2x_1\delta + \delta^2 \approx y_1 + 2x_1\delta$$

aus und sehen, daß wir unter Vernachlässigung von δ^2 einfach zu dem Tafelwert y_1 das Produkt $2x_1\delta$ zu addieren haben.[1]) An Stelle der Tafeldifferenz D tritt einfach $2x_1$. Das würde im obigen Falle heißen: $2 \cdot 6{,}7 \cdot 3 = 13{,}4 \cdot 3 \approx 40$ *Einheiten der letzten Stelle.* Wir bekommen demnach $44{,}89 + 0{,}40 = 45{,}29$. Ebenso haben wir für $1{,}47^2$ zu rechnen:

$$2{,}8 \cdot 7 \approx 20, \quad \text{also ist} \quad 1{,}47^2 \approx 1{,}96 + 0{,}20 \approx 2{,}16.$$

$$9{,}82^2 \text{ gibt } 19{,}6 \cdot 2 \approx 39, \quad \text{also} \quad 9{,}82^2 \approx 96{,}43.$$

Soll aber z. B. $37{,}9^2$ bestimmt werden, so interpoliert man

---

1) Setzt man $\delta = x - x_1$, so erkennt man leicht, daß hier die Tangente $y = \frac{2y_1}{x_1}x - y_1$ an Stelle der Sekante getreten ist.

Tafel II

QUADRATTAFEL

	0	1	2	3	4	5	6	7	8	9	D
1,	1,00	1,21	1,44	1,69	1,96	2,25	2,56	2,89	3,24	3,61	39
2,	4,00	4,41	4,84	5,29	5,76	6,25	6,76	7,29	7,84	8,41	59
3,	9,00	9,61	10,24	10,89	11,56	12,25	12,96	13,69	14,44	15,21	79
4,	16,00	16,81	17,64	18,49	19,36	20,25	21,16	22,09	23,04	24,01	99
5,	25,00	26,01	27,04	28,09	29,16	30,25	31,36	32,49	33,64	34,81	119
6,	36,00	37,21	38,44	39,69	40,96	42,25	43,56	44,89	46,24	47,61	139
7,	49,00	50,41	51,84	53,29	54,76	56,25	57,76	59,29	60,84	62,41	159
8,	64,00	65,61	67,24	98,89	70,56	72,25	73,96	75,69	77,44	79,21	179
9,	81,00	82,81	84,64	86,49	88,36	90,25	92,16	94,09	96,04	98,01	

am bequemsten rückwärts nach der Formel $y = (x_2 - \delta)^2 \approx y_2 - 2x_2\delta$, rechnet also $2 \cdot 38 \cdot 0{,}1 \approx 8$, $37{,}9^2 \approx 1436$. Die Quadrattafel kann aber auch *rückwärts* benutzt werden, um Quadratwurzeln zu bestimmen. Soll z. B. $\sqrt{39{,}84}$ berechnet werden, so sehen wir, daß der *Numerus* zwischen 6,3 und 6,4 liegt. Wir können nun die beiden obigen Methoden umkehren. Wir rechnen also entweder:

a) *Eigene Differenz* $\Delta = 3984 - 3969 = 15$, dies wird dividiert durch den zehnten Teil der Tafeldifferenz *D*, also durch 12,7, was 1 gibt — alles in Einheiten der letzten Stelle — also wird $\sqrt{39{,}84} \approx 6{,}31$; oder

b) $39{,}84 = (6{,}3 + \delta)^2 \approx 6{,}3^2 + 12{,}6\,\delta$, also ist die *eigne Differenz* $\Delta = 15$ zu dividieren durch 12,6, was ebenfalls 1 als zweite Dezimale gibt.

Weitere Beispiele:

$\sqrt{74{,}61}$; $\Delta = 65$, $65 : 17{,}2 = 4$; $\sqrt{74{,}61} \approx 8{,}64$;

$\sqrt{3{,}984} \approx \sqrt{3{,}98}$; $\Delta = 37$, $37 : 3{,}8 = 10$; $\sqrt{3{,}98} \approx 2{,}00$;

$\sqrt{746{,}1} \approx \sqrt{746}$; $\Delta = 17$, $17 : 5{,}4 = 3$; $\sqrt{746} \approx 27{,}3$.

Aus diesen Beispielen ersieht man, daß die Stellung des Kommas nicht gleichgültig ist zur Auffindung der Stelle in der Tafel; ohne Kommabeachtung finden wir jede Zahl an zwei Stellen der Tafel.

Tafel III

QUADRATWURZELTAFEL

	0	1	2	3	4	5	6	7	8	9	D
1,	1,00	1,05	1,10	1,14	1,18	1,22	1,26	1,30	1,34	1,38	3
2,	1,41	1,45	1,48	1,52	1,55	1,58	1,61	1,64	1,67	1,70	3
3,	1,73	1,76	1,79	1,82	1,84	1,87	1,90	1,92	1,95	1,97	3
4,	2,00	2,02	2,05	2,07	2,10	2,12	2,14	2,17	2,19	2,21	3
5,	2,24	2,26	2,28	2,30	2,32	2,35	2,37	2,39	2,41	2,43	2
6,	2,45	2,47	2,49	2,51	2,53	2,55	2,57	2,59	2,61	2,63	2
7,	2,65	2,67	2,68	2,70	2,72	2,74	2,76	2,77	2,79	2,81	2
8,	2,83	2,85	2,86	2,88	2,90	2,92	2,93	2,95	2,97	2,98	2
9,	3,00	3,02	3,03	3,05	3,07	3,08	3,10	3,11	3,13	3,15	
1	3,17	3,32	3,46	3,61	3,74	3,88	4,00	4,12	4,24	4,36	11
2	4,47	4,58	4,69	4,80	4,90	5,00	5,10	5,20	5,29	5,39	9
3	5,48	5,57	5,66	5,74	4,83	5,92	6,00	6,08	6,16	6,24	8
4	6,32	6,40	6,48	6,56	6,63	6,71	6,78	6,86	6,93	7,00	7
5	7,07	7,14	7,21	7,28	7,35	7,42	7,48	7,55	7,62	7,68	5
6	7,73	7,81	7,87	7,94	8,00	8,06	8,13	8,19	8,25	8,31	6
7	8,37	8,43	8,49	8,54	8,60	8,66	8,72	8,77	8,83	8,89	5
8	8,94	9,00	0,06	9,11	9,17	9,22	9,27	9,33	9,38	9,43	6
9	9,49	9,54	9,59	9,64	9,70	9,75	9,80	9,85	9,90	9,95	

So ist $\sqrt{18{,}49} = 4{,}30$; $\sqrt{10{,}849} = 0{,}430$; $\sqrt{1849} = 43{,}0$; dagegen ist $\sqrt{1{,}849} = 1{,}36$; $\sqrt{0{,}01849} \approx 0{,}136$; $\sqrt{184{,}8} \approx 13{,}6$; $\sqrt{59{,}16}$; $\Delta = -13$, $-13 : 15{,}4 \approx -1$; $\sqrt{59{,}16} \approx 7{,}69$.

Berechne: $0{,}544^2$; 736^2; $45{,}8^2$; $3{,}93^2$; $6{,}05^2$;

$\sqrt{42{,}43}$; $\sqrt{13{,}46}$; $\sqrt{7{,}744}$; $\sqrt{77{,}44}$; $\sqrt{774{,}4}$.

Als Ergänzung zur Quadrattafel ist die andere Tafel anzusehen, der wir uns nun zuwenden:

Erläuterung zur Quadratwurzeltafel. Die Tafel hat doppelt so großen Umfang wie die vorherige und bietet dafür den Vorzug, daß die Tafeldifferenzen sehr klein sind. Man kann also bequem mit ihnen rechnen. Allerdings sind durchweg nur 3 Stellen angegeben und berechenbar. Die durch schrägen Druck hervorgehobenen Stellen sind bei der Abkürzung erhöht worden. Nehmen wir einige der oben gerechneten Beispiele!

$\sqrt{39,84}$; zu 39 gehört die Tafelzahl 6,24, $6,32 - 6,24 = 0,08$

also $\quad D = 8;\ 8 \cdot 8,4 \approx 67;\ 67 : 10 \approx 7$

mithin $\quad \sqrt{39,84} \approx 6,24 + 0,07 = 6,31.$

$\sqrt{74,61};\ 8,60;\ D = 6,\ 6 \cdot 6,1 \approx 37,\ 37 : 10 \approx 4$

also $\quad \sqrt{74,61} \approx 8,64.$

$\sqrt{3,98};\quad 1,97;\quad \Delta = 3;\quad 3 \cdot 8 : 10 \approx 2;\quad \sqrt{3,98} \approx 1,99.$

$\sqrt{746,1};\quad 27,2;\quad \Delta = 2,\ 2 \cdot 6,1 : 10 \approx 1;\quad \sqrt{746,1} \approx 27,3.$

Berechne die anderen oben angegebenen Wurzeln auch mit dieser Tafel.

Natürlich kann man auch diese Tafel umgekehrt benutzen, um zu quadrieren. So hat man für $6,81^2$ zu rechnen:

$6,78^2 \approx 46,0;\ \Delta = 3,\ D = 8,\ 30 : 8 \approx 4$ also $6,81^2 \approx 46,4$

gemäß der Formel $\delta = 10\,\Delta : D$ — denn man kann entweder die zehnfache eigne Differenz durch die Tafeldifferenz dividieren oder die eigne Differenz durch den zehnten Teil der Tafeldifferenz! Weitere Beispiele möge sich der Leser selbst bilden und rechnen.

Gute Beispiele zur Anwendung der Tafeln bietet der pythagoreische Lehrsatz. Soll die Hypotenuse aus den Katheten $a = 6,38$ und $b = 4,63$ berechnet werden, so hat man:

$$a^2 = 6,38^2 \approx 40,70,\ b^2 = 4,63^2 \approx 21,44,$$

$$c \approx \sqrt{62,14} \approx 7,88.$$

Weitere Beispiele wird der Leser selbst leicht finden.

§ 11. DIE POLYTROPEN $y = x^n$

Die bisher betrachteten Kurven haben die allgemeine Gleichungsform $y = cx^n$, und zwar hatte n die Werte -1, $+2$, $+\frac{1}{2}$, abgesehen von $n = 1$ bei der Geraden. Wir wenden uns jetzt der allgemeinen Aufgabe zu, die Kurve für beliebiges n zu konstruieren. Diese Kurven nennt man zusammenfassend *Polytropen* oder *polytropische Kurven.*

Wir beschränken uns aus naheliegenden Gründen auf den

I. Quadranten und setzen $c = 1$. Für ganzzahlige positive Werte von n ist die punktweise Konstruktion eine Weiterbildung der in Figur 18 angewandten Methode. Die horizontale Gerade CA_0 gibt die Linie $y = x^0 = 1$, die Gerade OA_1 gibt die Linie $y = x^1 = x$. A_2 ist ein Punkt der Kurve $y = x^2$. Geht man von A_2 horizontal nach P_2 und zieht OP_2, so erhält man in A_3 auf AA_0 einen Punkt von $y = x^3$.

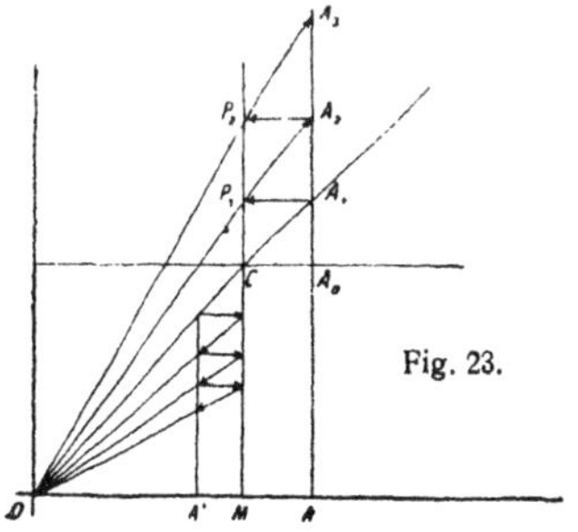

Fig. 23.

Auf diese Weise klettert man auf der durch A_1 gehenden Ordinate durch alle ganzzahligen Werte von n in die Höhe oder abwärts, je nachdem $OA \gtrless 1$ ist. Hat man einen Punkt A_n für den etwa $AA_n = x^n$ ist und geht horizontal nach P_n auf die Ordinate durch M, zieht dann OP_n bis zum Schnitt mit der Ordinate durch A, so erhält man für diese Ordinate den Wert $MP_n \cdot x : 1 = x^{n+1}$, man hat also den Punkt A_{n+1} erhalten.

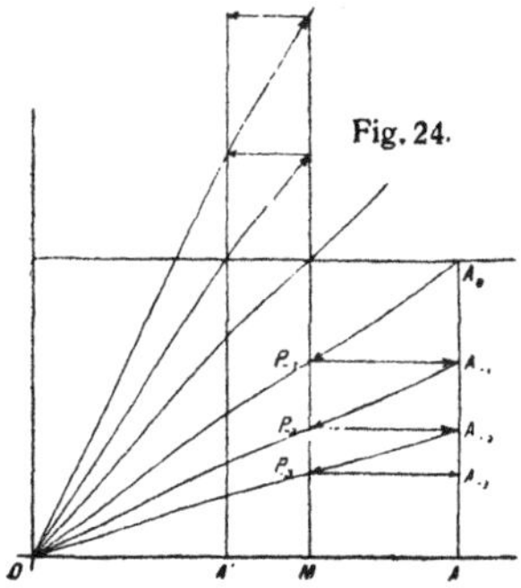

Fig. 24.

So lassen sich für jedes positive ganzzahlige n beliebig viele Punkte der Kurve $y = x^n$ darstellen. In Fig. 23 ist die Konstruktion für zwei Wert $x = OA > 1$ und $x' = OA' < 1$ ausgeführt.

Das Konstruktionsverfahren kann man aber leicht umkehren, also von A_{n+1} zu A_n gelangen z. B. von A_3 zu A_2, indem man A_3O zieht und vom Schnittpunkt P_2 nach A_2 geht. Setzt man diesen Rückweg über A_0 hinaus fort, so erkennt man, daß man dadurch zu den Punkten mit negativen ganzzahligen Werten von n kommt. Man erhält so die Punkte mit negativem Index: $P_{-1}, A_{-1}; P_{-2}, A_{-2}; P_{-3}, A_{-3}; \ldots$

In Fig. 24 ist das wieder für zwei Punkte A und A' ausgeführt. Läßt man A von O aus die positive x-Achse durchwandern und konstruiert stets die Punkte A_{-m}, so erhält man die Kurven $y=x^{-m}$, wo m eine positive Zahl ist. Hat man nun die Funktionen $y=x^n$ für eine Anzahl positiver und

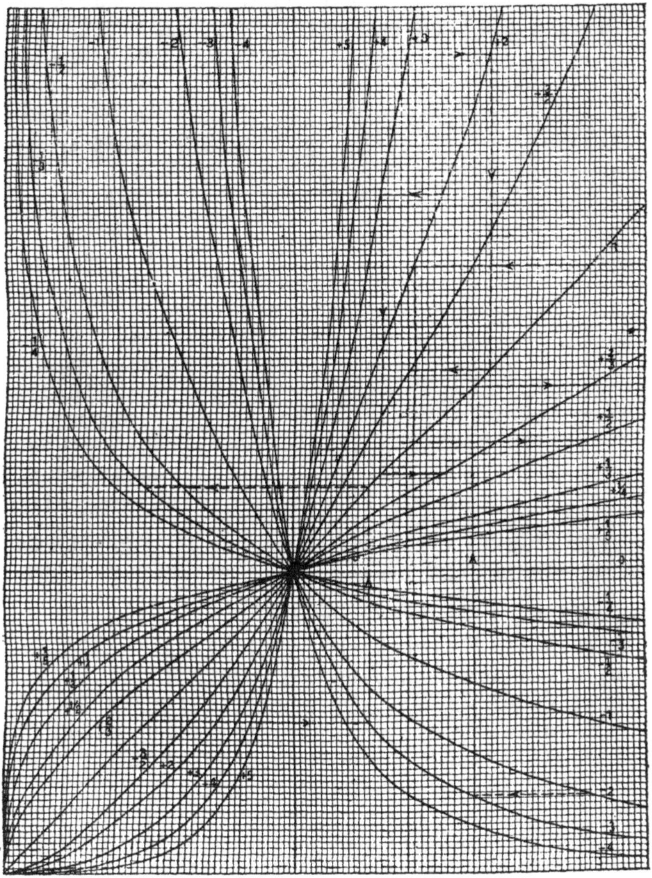

Fig. 25.

negativer ganzzahliger Exponenten n gezeichnet und befinden sich unter diesen die Exponenten p und q, so kann man durch mehrere Parallelen zu den Achsen die Ordinate $x^{\frac{p}{q}}$ für ein beliebiges (positives) x ermitteln. Man sucht in der Figur (s. Fig. 25) zunächst den Punkt $y_1 = x_1^p$, geht von diesem horizontal bis zur Kurve $y = x^q$ und trifft dort auf den Punkt $y_1 = x_2^q$. Von hier aus geht man vertikal bis zur Geraden $y = x^{+1}$, die im Punkte $y_2 = x_2$ geschnitten wird. Von diesem Punkt geht man horizontal weiter, bis man zu der Ordinate x_1 kommt. Es ist nun $y_2 = x_2 = \sqrt[q]{y_1} = \sqrt[q]{x_1} = x_1^{\frac{p}{q}}$, also schneidet die letzte Horizontale das im Endpunkte von x_1 errichtete Lot

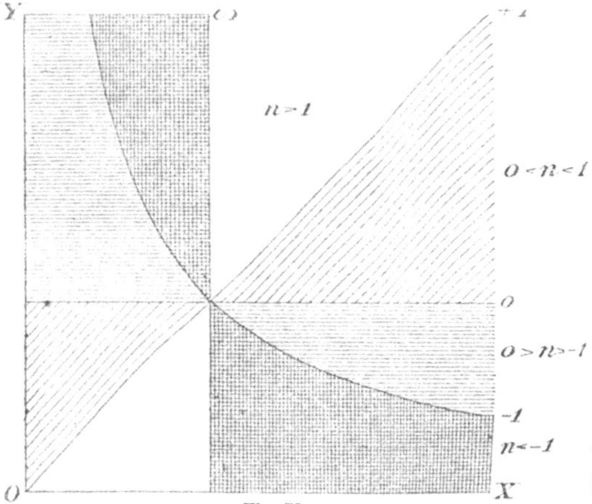

Fig. 26.

in einem Punkte der Kurve $y = x^{\frac{p}{q}}$. In der Figur führen die mit Pfeilen versehenen gestrichelten Linien nach den Punkten $1{,}4^{\frac{3}{2}}$; $1{,}5^{\frac{2}{3}}$; $1{,}6^{\frac{2}{3}}$; $2^{\frac{1}{2}}$ und $0{,}5^{-\frac{1}{3}}$.

Da für jeden Exponenten $1^n = 1$ ist, so müssen alle Polytropen durch den Punkt $C(+1, +1)$ gehen.

Der I. Quadrant wird durch die Linien $y = x^0$, $x = 1$ $(y = x^0)$, $y = x^{+1}$ und $y = x^{-1}$ in Felder von besonderer Art zerlegt, die in Figur 26 deutlich gekennzeichnet sind. Die Polytropen $y = x^n$ verlaufen in den Feldern, die weiß gelassen sind, wenn $n > 1$ ist, schräg schraffiert sind, wenn $0 < n < 1$ ist, wagerecht schraffiert sind, wenn $0 > n > -1$ ist, doppelt schraffiert sind, wenn $n < -1$ ist.

Jeder Punkt auf einer Parallelen zur y-Achse stellt hiernach eine gewisse Potenz des Abstandes der Parallelen von dem Punkte O dar, und jede Potenz einer positiven Größe wird durch einen Punkt im ersten Quadranten dargestellt; man kann demnach diesen Quadranten als den geometrischen Ort aller Potenzen mit positiven Grundzahlen betrachten.

Ferner stellt jede Parallele zur y-Achse das Logarithmensystem dar, dessen Grundzahl ihr Abstand x von der y-Achse ist; für $x < 1$ sind die Logarithmen aller Zahlen über 1 negativ und für $x > 1$ sind die Logarithmen der Zahlen zwischen 0 und 1 negativ. So lesen wir für die Grundzahl 0,8 aus Fig. 25 ab:

$${}^{0,8}\log 0{,}343 \approx +5; \quad {}^{0,8}\log 0{,}416 \approx +4; \quad {}^{0,8}\log 1{,}250 \approx -1 \ldots;$$

für die Grundzahl 2,2 ergibt sich

$${}^{2,2}\log 0{,}04 = -4, \quad {}^{2,2}\log 0{,}1 = -3, \quad {}^{2,2}\log 0{,}454 = -1,$$
$${}^{2,2}\log 0{,}693 = -\tfrac{1}{2} \text{ usw.}$$

Die angegebenen Preise
nd Grundpreise, auf die ein den jeweiligen Herstellungs- und allgemeinen Unosten entsprechender Zuschlag (Sept. 1922: 2900%, Schulbücher mit * bezeichnet ,00%) berechnet wird. Nur durch diese im geschäftlichen Verkehr sonst auch lgemein übliche Berechnung ist es möglich, den durch die fortschreitende Teuerung bedingten Preisänderungen zu folgen.

eitfaden zum graphischen Rechnen. Von Dr. *R. Mehmke,* Prof. a. d. echn. Hochsch. Stuttgart. 2., verb. Aufl. Mit Fig. und 1 Additions- und ıbtraktionskurve als Beilage. [U. d. Pr. 22.] (SMPL 19.)

„Die Vielseitigkeit und Anschaulichkeit des graphischen Verfahrens bringt das schöne 'erkchen ausgezeichnet zum Bewußtsein. Die Darstellung steigt in konsequentem Aufbau ɪm Leichteren zum Schwierigen rasch empor. Sie verlangt ein sorgsames Studium, wenn ɪr Leser in alle Einzelheiten und Feinheiten eindringen will. Die zahlreichen und vortreffchen Figuren und Beispiele erleichtern aber wieder sehr das Verständnis. Literatur über riginalabhandlungen und interessante historische Hinweise sind reichlich vorhanden." **(Sirius.)**

)ie graphische Darstellung. Von Hofrat Dr. *F. Auerbach,* Prof. an er Universität Jena. 2. Aufl. Mit 139 Figuren im Text. [118 S.] 8. 1919. ANuG 437.) Kart. M. 1.50, geb. M. 2.—

Das reichhaltige und allgemein verständlich geschriebene Büchlein zeigt die ausgedehnte ɪnwendbarkeit der graphischen Methode, die keineswegs nur auf Mathematik und Naturwissenchaften beschränkt ist, sondern überall da einsetzen kann, wo die quantitativen Beziehungen er Erscheinungen zu erfassen sind.

iraphische Methoden. Von Geh. Reg.-Rat Dr. *C. Runge,* Prof. a. d. Univ öttingen. 2. Aufl. M. 94 Fig. i. T. [IV u. 130 S.] gr. 8. 1919. (SMPL 18.) Kart. M. 5.—

„Wie es bei einem Verfasser vom Range Runges nicht überraschen kann, ist das Buch ne wahre Fundgrube für jeden, der Ziffernrechnungen auszuführen hat."
(Monatshefte für Mathematik und Physik.)

iraphisches Rechnen. Von Prof. *O. Prölß,* Studienrat an der Hansachule in Hamburg. Mit 164 Figuren im Text. [104 S.] 8. 1919. (ANuC d. 708.) Kart. M. 1.50, geb. M. 2.—

Behandelt an Hand zahlreicher Beispiele, ohne größere Vorkenntnisse vorauszusetzen, e Prinzipien des graphischen Rechnens.

.ehrbuch der modernen Funktionentheorie. Von Dr. *L. Bieberbach* rof. an der Univ. Berlin. Bd. I: Elemente der Funktionentheorie. Mit 80 Fig n Text. [VI u. 314 S.] gr. 8. 1921. Geh. M. 17.50, geb. M. 20.—. Bd. II. [In Vorb.]

Das Werk gibt eine für die Hand der Studierenden bestimmte Darstellung der modernen ınktionentheorie komplexer Variabler. Der erste Band behandelt unter Verschmelzung iemannschen und Weierstraßischen Geistes die Elemente der allgemeinen und der speziellen ınktionentheorie, der zweite wird die Auswirkung der Methoden in den modernen funkɪnentheoretischen Arbeitsgebieten zum Gegenstand haben.

unktionentafeln mit Formeln und Kurven. Von Geh. Bergrat Dr. *:. Jahnke,* Prof. a. d. Techn. Hochsch. Berlin, u. Dr. *F. Emde,* Prof. a. d. Techn. Iochschule Stuttgart. Mit Fig. (SMPL 5.) 2. Aufl. [U. d. Pr. 1922.]

/erlag von B. G. Teubner in Leipzig und Berlin

Die angegebenen Preise

sind Grundpreise, auf die ein den jeweiligen Herstellungs- und allgemeinen Unkosten entsprechender Zuschlag (September 1922: 2900%, Schulbücher mit * bezeichnet 1400%) berechnet wird. Nur durch diese im geschäftl. Verkehr sonst auch allgemein übliche Berechnung ist es möglich, den durch die fortschreit. Teuerung bedingten Preisänderungen zu folgen.

Aus Natur und Geisteswelt

Jeder Band kart. M. 1.50, geb. M. 2.–

Mathematik

Naturwissenschaften, Mathematik und Medizin im klassischen Altertum. Von Prof. Dr. J. L. Heiberg. 2. Aufl. Mit 2 Figuren. (Bd. 370.)

Einführung in die Mathematik. Von Oberl. W. Mendelssohn. Mit 42 Fig. im Text. (Bd. 503.)

Mathematische Formelsammlung. Ein Wiederholungsbuch der Elementarmathematik. I. Arithmetik und Algebra. II. Geometrie. Von Prof. Dr. S. Jakobi. (Bd. 646/47.)

Arithmetik und Algebra zum Selbstunterricht. Von Geh. Studienrat P. Crantz. Mit zahlr. Fig. I. Teil: Die Rechnungsarten. Gleichungen ersten Grades mit einer und mehreren Unbekannten. Gleichungen zweiten Grades. 7. Aufl. Mit 9 Fig. im Text. (Bd. 120.) II. Teil: Gleichungen. Arithmetische und geometrische Reihen. Zinseszins- und Rentenrechnung. Komplexe Zahlen. Binomischer Lehrsatz. 5. Aufl. Mit 21 Textfiguren. (Bd. 205.)

Lehrbuch der Rechenvorteile. Schnellrechnen und Rechenkunst. Von Ing. Dr. J. Bojko. Mit zahlreichen Übungsbeispielen. (Bd. 739.)

Graphisches Rechnen. Von Prof. O. Prölß. Mit 164 Fig. i. Text. (Bd. 708.)

Die graphische Darstellung. Eine allgemeinverständliche, durch zahlreiche Beispiele aus allen Gebieten der Wissenschaft und Praxis erläuterte Einführung in den Sinn und den Gebrauch der Methode. Von Hofrat Prof. Dr. F. Auerbach. 2. Aufl. Mit 139 Fig. i. Text. (Bd. 437.)

Praktische Mathematik. Von Prof. Dr. R. Neuendorff.
I. Teil: Graph. Darstellungen. Verkürzt. Rechnen. Das Rechn. m. Tabellen. Mech. Rechenhilfsmittel. Kaufm. Rechnen im tägl. Leben. Wahrscheinlichkeitsrechnung. 2., verb. Aufl. Mit 29 Fig. u. 1 Taf. (Bd. 341.)
II. Teil: Geom. Zeichnen, Projektionslehre, Flächenmessung, Körpermessung. Mit 133 Fig. (Bd. 526.)

Kaufmännisches Rechnen zum Selbstunterricht. Von Studienrat K. Dröll. (Bd. 724.)

Die Rechenmaschinen u. d. Maschinenrechnen. Von Reg.-Rat Dipl.-Ing. K. Lenz. Mit 43 Abb. (490.)

Maße und Messen. Von Dr. W. Block. Mit 34 Abbildungen. (Bd. 385.)

Einführung in die Vektorrechnung. Von Prof. Dr. F. Jung. (Bd. 668.) [In Vorb. 1922.]

Einführung in die Infinitesimalrechnung mit einer histor. Übersicht. Von Prof. Dr. G. Kowalewski. 3., verb. Aufl. Mit 19 Fig. (Bd. 197.)

Differentialrechnung unter Berücksichtigung der prakt. Anw. in der Technik, mit zahlr. Beisp. u. Aufg. versehen. Von Studienrat Dr. M. Lindow. 3. Aufl. Mit 45 Fig. im Text u. 161 Aufg. (Bd. 387.)

Integralrechnung unter Berücksichtigung d. prakt. Anw. in der Technik, mit zahlr. Beispielen u. Aufgaben versehen. Von Studienrat Dr. M. Lindow. 2. Aufl. Mit 43 Fig. im Text u. 200 Aufg. (Bd. 673.)

Differentialgleichungen, unter Berücksichtigung der praktischen Anwendung in der Technik mit zahlreichen Beispielen und Aufgaben versehen. Von Studienrat Dr. M. Lindow. Mit 38 Figuren im Text und 160 Aufgaben. (Bd. 589.)

Ausgleichungsrechnung nach der Methode der kleinsten Quadrate. Von Geh. Reg.-Rat Prof. E. Hegemann. Mit 11 Figuren im Text. (Bd. 609.)

Planimetrie zum Selbstunterricht. Von Geh. Studienrat P. Crantz. 3. Aufl. Mit 94 Fig. (Bd. 340.)

Ebene Trigonometrie z. Selbstunterr. Von Geh. Studienrat P. Crantz. 3. Aufl. Mit 50 Fig. (Bd. 431.)

Sphärische Trigonometrie z. Selbstunterricht. V. Geh. Studienr. P. Crantz. Mit 27 Fig. (Bd. 605.)

Analytische Geometrie der Ebene zum Selbstunterricht. Von Geh. Studienrat P. Crantz. 3. Aufl. Mit 55 Figuren. (Bd. 504.)

Geometrisches Zeichnen. Von Zeichenl. A. Schudeisky. Mit 172 Abb. im Text u. a. 12 Taf. (Bd. 568.)

Darstellende Geometrie. Von Prof. P. B. Fischer. Mit 59 Fig. i. Text. (Bd. 541.)

Projektionslehre. Die rechtwinkelige Parallelprojektion und ihre Anwendung auf die Darstellung technischer Gebilde nebst Anh. über d. schiefwinkelige Parallelprojektion, in kurzer leichtfaßl. Darst. f. Selbstunterr. u. Schulgebrauch. Von Zeichenlehrer A. Schudeisky. Mit 208 Fig. i. Text. (Bd. 564.)

Grundzüge der Perspektive nebst Anwendungen. Von Prof. Dr. K. Doehlemann. 2., verb. Auflage. Mit 91 Figuren und 11 Abbildungen. (Bd. 510.)

Photogrammetrie. Von Dr.-Ing. H. Lüscher. Mit 78 Fig. im Text u. a. 2 Tafeln. (Bd. 612.)

Mathematische Spiele. Von Dr. W. Ahrens. 4., verb. Aufl. Mit 1 Titelbild u. 78 Fig. (Bd. 170.)

Das Schachspiel und seine strategischen Prinzipien. Von Dr. M. Lange. 3. Aufl. Mit 2 Bildnissen, 1 Schachbrettafel und 43 Diagrammen. (Bd. 281.)

Verlag von B. G. Teubner in Leipzig und Berlin

<u>GPSR Compliance</u>

The European Union's (EU) General Product Safety Regulation (GPSR) is a set of rules that requires consumer products to be safe and our obligations to ensure this.

If you have any concerns about our products, you can contact us on ProductSafety@springernature.com

In case Publisher is established outside the EU, the EU authorized representative is:

Springer Nature Customer Service Center GmbH
Europaplatz 3
69115 Heidelberg, Germany

Batch number: 10831892

Printed by Printforce, the Netherlands